黑龙江省精品图书出版工程专项资金资助

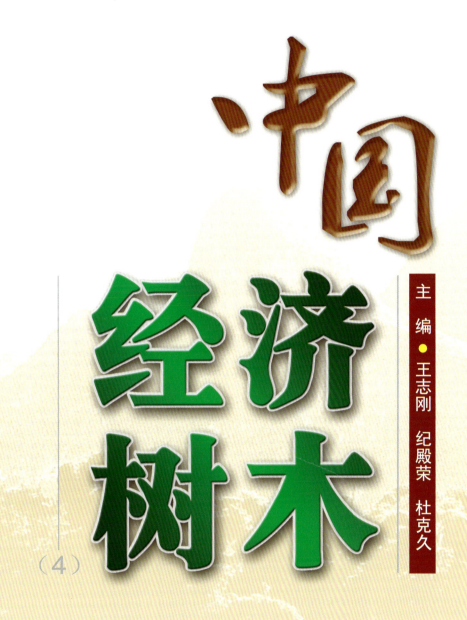

中国经济树木

（4）

主 编 ● 王志刚 纪殿荣 杜克久

东北林業大学出版社
Northeast Forestry University Press

·哈尔滨·

图书在版编目（CIP）数据

中国经济树木. 4 / 王志刚，纪殿荣，杜克久主编. — 哈尔滨：
东北林业大学出版社，2015.12

ISBN 978-7-5674-0691-9

Ⅰ. ①中… Ⅱ. ①王… ②纪… ③杜… Ⅲ. ①经济植物—树种—
中国—图集 Ⅳ. ①S79-64

中国版本图书馆CIP数据核字(2015)第316173号

责任编辑：倪乃华　孙雪玲
责任校对：姚大彬
技术编辑：乔鑫鑫
封面设计：乔鑫鑫
出版发行：东北林业大学出版社
　　　　　（哈尔滨市香坊区哈平六道街6号　邮编：150040）
印　　装：哈尔滨市石桥印务有限公司
开　　本：889mm×1194mm　1/16
印　　张：13.75
字　　数：156千字
版　　次：2017年1月第1版
印　　次：2017年1月第1次印刷
定　　价：280.00元

《中国经济树木（4）》

编委会

主　编：王志刚　　纪殿荣　　杜克久

主　审：聂绍荃　石福臣

副主编：马凤新　　吴京民　　黄大庄

参　编：纪惠芳　　刘冬云　　李彦慧　　路丙社

　　　　白志英　　李俊英　　苏筱雨　　史宝胜

　　　　李永宁　　李会平　　张　芹　　张晓曼

　　　　杨文利　　佟爱民　　赵秀玲　　米　丰

　　　　李桂云　　聂江力

摄　影：纪殿荣　　黄大庄　　纪惠芳

前　言 PREFACE

　　我国疆域辽阔，地形复杂，气候多样，森林树木种类繁多。据统计，我国有乔木树种2000余种，灌木树种6000余种，还有很多引种栽培的优良树种。这些丰富的树木资源，为发展我国林果业、园林及其他绿色产业提供了坚实的物质基础，更在绿化国土、改善生态环境方面发挥着不可代替的作用。

　　由于教学和科学研究工作的需要，编者自20世纪80年代初开始，经过30余年的不懈努力，深入全国各地，跋山涉水，对众多的森林植被和树木资源进行了较为系统的调查研究，并实地拍摄了数万幅珍贵图片，为植物学、树木学的教学、科研提供了翔实、可靠的资料。为了让更多的高校师生及科技工作者共享这些成果，我们经过认真鉴定，精选出我国具有重点保护和开发利用价值的经济树木资源，编撰成了"中国经济树木"大型系列丛书，以飨读者。

　　本套丛书以彩色图片为主，文字为辅；通过全新的视角、精美的图片，直观、形象地展现了每个树种的树形、营养枝条、生殖枝条、自然景观、造景应用等；还对每个树种的中文名、拉丁学名、别名、科属、形态特征、生态习性和主要用途等进行了扼要描述。

　　本套丛书具有严谨的科学性、较高的艺术性、极强的实用性和可读性，是一部农林高等院校师生、科研及生产开发部门的广大科技工作者和从业人员鉴别树木资源的大型工具书。

　　本套丛书的特色和创新体现在图文并茂上。过去出版的图鉴类书的插图多是白描墨线图，且偏重于文字描述，而本套丛书则以大量精美的图片替代了繁杂的文字描述，使每种树木直观、真实地跃然纸上，让读者一目了然，这样就从过去的"读文形式"变成了"读图形式"，大大提高了图书的可读性。

　　本套丛书的分类系统：裸子植物部分按郑万钧系统排列，被子植物部分按恩格勒系统排列（书中部分顺序有所调整）。全书分六卷，共选取我国原产和引进栽培的经济树种120余科，1240余种（含亚种、变种、变型、栽培变种），图片4200幅左右。其中（1）、（2）卷共涉及树木近60科，380余种，图片1200幅左右；（3）、（4）卷共涉及树木近90科，420余种，图片1500幅左右；（5）、（6）卷共涉及树木80余科，440余种，图片1500幅左右。为了方便读者使用，我们还编写了中文名称索引、拉丁文名称索引及参考文献。

　　本套丛书在策划、调查、编撰、出版过程中得到河北农业大学、东北林业大学的领导、专家、教授的大力支持和帮助，得到了全国各地自然保护区、森林公园、植物园、树木园、公园的大力支持和协助，还得到了孟庆武、李德林、黄金祥、祁振声等专家的指导和帮助，在此，对所有关心、支持、帮助过我们的单位、专家、教授表示真诚的感谢。

　　限于我们的专业水平，书中不当之处在所难免，敬请读者批评指正。

编　者

2016 年 12 月

目 录 CONTENTS

大戟科 EUPHORBIACEAE

一叶荻 *Securinega suffruticosa* (Pall.) Rehd.

　　大戟科一叶荻属落叶灌木，高 1～3 m。茎直立，分枝多，小枝紫红色。叶互生，全缘，倒卵状椭圆形或椭圆形。花小，单性，雌雄同株或异株，无花瓣，通常腋生。蒴果扁球形，红褐色。花期 5～7 月；果期 7～9 月。

　　产于我国东北、华北、华东及河南、湖北、陕西、四川、贵州等地；生于山坡、沟谷灌丛中或林缘。

　　可丛植于园林中供观赏；茎皮纤维为纺织原料；花、叶可入药。

果 枝

植 株

丛植景观

树形

叶枝

算盘子

Glochidion puberum (L.) Hutch.

大戟科算盘子属落叶灌木，高约 3(5) m。小枝灰褐色，密被短柔毛。单叶互生；叶片长圆形至长圆状披针形或宽披针形，背面密被短柔毛，侧脉 5～7 对；叶柄短；托叶三角形。花小，单性同株，稀异株；花 2～5 朵簇生或组成短小的聚伞花序；雄花萼片 5～6，雄蕊 3～8，花丝和花药全部合生成圆柱状；雌花子房球形，3～15 室，每室具 2 枚胚珠，花柱合生。蒴果扁球形，直径 0.8～1.5 cm，有明显的纵沟槽，熟时红色，密被绒毛。花期 3～10 月；果期 4～12 月。

产于我国华东、华中、华南、西南及甘肃、陕西等地；散生于丘陵山地阳坡灌丛中、旷野疏林内。

茎、叶、根、果均可入药，可活血散瘀、消肿解毒、治痢止泻；亦可作为农药；种子可榨油，供工业用。

树皮

丛植景观

果 枝

叶 枝

树 形

秋枫 *Bischofia javanica* Bl.

大戟科重阳木属常绿或半常绿大乔木,高达 40 m,胸径约 2.3 m;树干圆满通直,树皮褐红色。小叶卵形、椭圆形或倒卵状长椭圆形,先端短尾尖,基部宽楔形,叶缘锯齿每厘米 2～3 个,无毛;顶生小叶柄长 3～4 cm,侧生小叶柄长 0.8～1.4 cm;托叶长约 8 mm,早落。雄花序长 8～13 cm,萼片膜质,退化雄蕊小;雌花萼片边缘白色,膜质,子房无毛。果直径 0.6～1 cm,褐色或淡红色;种子长约 5 cm。花期 4～5 月;果期 8～10 月。

产于我国台湾及华南、西南南部。世界各地平原多有栽培。生于海拔 800 m 以下的山区疏林中。

为庭园观赏树或行道树;散孔材,心材红褐色,纹理直或斜,坚韧,耐水湿,可作为建筑、桥梁、车辆、造船等用材;根可入药。

果枝

树皮

树形

重阳木

Bischofia polycarpa (Lévl.) Airy-Shaw

　　大戟科重阳木属落叶乔木，高达 15 m，胸径约 50 cm，稀达 1 m；树皮浅棕黄色，老时暗黑褐色，纵裂。小叶圆卵形或卵状椭圆形，先端短尾尖，基部圆形或微心形，叶缘细锯齿每厘米 4～5 个；顶生小叶柄长 2.5～3.5 cm，两侧小叶柄长约 0.5 cm。总状花序腋生，下垂；雄花序长 8～13 cm；雌花序较疏松，花柱 2（3）。果直径 5～7 mm，熟时红褐色。花期 4～5 月；果期 10～11 月。

　　产于秦岭、淮河流域以南至华南北部，在长江流域中下游平原常见；生于低山疏林中。

　　常作为行道树；为散孔材，心材粉红色至暗红褐色，边材宽，黄白色至褐色，后变为灰褐色，可作为建筑、造船、家具等用材；果实可酿酒；种子可以提炼工业用油。

散植景观

树形

石栗

Aleurites moluccana (L.) Willd.

　　大戟科石栗属常绿乔木，高达 20 m，胸径约 40 cm；嫩枝、幼叶及花序被灰褐色星状柔毛。叶卵形或卵状披针形，先端渐尖，基部宽楔形或近平截，稀窄楔形或浅心形，基脉三至五出，侧脉 5～6 对；叶柄顶端 2 腺体扁球状无柄，绿色至淡褐色。花单性同株；顶端圆锥花序；花白色，花瓣长圆形至倒卵状披针形；雄花具雄蕊 15～20，花丝短，基部被星状短柔毛；雌花子房密被星状短柔毛，子房 2 室。核果肉质，内果皮骨质，卵球形，被灰棕色星状鳞毛；种子 1～2，无种阜。春夏开花；10～11 月果熟。

　　原产于马来半岛及太平洋群岛。我国福建南部、台湾、广东等地有栽培。

　　多作为行道树；种子油可用于制作油漆、涂料及水中用材防腐剂等。

花序枝

树皮

植株

叶枝

锡兰叶下珠

Phyllanthus myrtifolius (Wight) Muell.-Arg.

　　大戟科叶下珠属灌木，枝条细长柔软下垂。全株姿态柔美、翠绿。叶片小，互生，形似镰刀状，花紫红色，数朵簇生。蒴果扁圆球形。

　　原产于斯里兰卡、印度。我国广东、广西、海南等地有栽培。

　　常用作盆景及庭园栽植，可修剪造型，适合用作绿篱。

日日樱 *Jatropha integerrima* L.

　　大戟科麻疯树属常绿大灌木。叶片椭圆形至倒椭圆形，叶脉表面凹下，背面隆起；叶柄长。伞房花序生于枝顶；雌雄花各自成1花序；花小，花瓣5，卵形，红色。花期长。

　　原产于西印度群岛、秘鲁。我国云南西双版纳有栽培。

　　为南方庭园观赏树种。

花序枝

植株

植 株

佛肚树 *Jatropha podagrica* Hook.

　　大戟科麻疯树属常绿小灌木。茎干粗壮，肉质，基部膨大。小枝红色，多分枝。叶6～8片簇生于枝顶，盾形，3～5浅裂；叶面绿色，光滑，稍具蜡质白粉。花聚生于枝顶，珊瑚状，鲜红色。蒴果椭圆形。

　　原产于中美洲、西印度群岛。我国各地温室有栽培。喜光照充足，也耐阴，喜高温，耐干旱，在排水良好的沙壤土中生长良好。

　　为优良的室内盆栽花卉，暖地亦可庭园栽培。

丛植景观

花果枝

孤植景观

植 株

叶 枝

盆栽景观

丛植景观

花叶木薯
Manihot esculenta 'Variegata'

　　大戟科木薯属直立亚灌木。叶片长 10 ～ 15 cm，背面粉绿色，叶常掌状 3 ～ 11 裂，各裂片中央有不规则的黄色斑点；叶柄红色。花雌雄同株，无花瓣，总状或圆锥花序；花萼近钟形，花瓣状，5 裂；雄花雄蕊 10，2 轮，着生于花盘裂片或腺体之间，花丝离生；雌花花盘全缘或分裂为腺体，子房 3 室，每室 1 枚胚珠，花柱基部合生，上部开展，柱头宽。蒴果开裂或具 3 枚 2 瓣裂的分果瓣，开裂时弹出种子；种子卵形，具种阜。

　　原产于美洲热带地区。我国华南地区广泛栽培。喜阳光充足和温暖环境，也耐半阴。

　　为庭园绿化、观赏树种。

树形

巴豆 *Croton tiglium* L.

　　大戟科巴豆属灌木或小乔木，高达 5 m。嫩枝疏被星状毛，后脱落。叶质薄，卵形或椭圆形，先端渐尖，基部宽楔形或近圆形，疏生腺齿，无毛或下面疏被星状毛；基脉 3，侧脉 2～3 对；腺体着生于叶基两侧；叶柄长 2.5～5 cm；托叶 2～4 cm。花雌雄同株，稀异株；总状花序或穗状花序顶生；雄花花瓣长圆形，与萼片等长，雄蕊 17，花药干时黑色；雌花无花瓣，子房密被星状粗毛，花柱 2 深裂，6 分枝。蒴果倒卵形，被星状毛或毛脱落后留下小疣点；种子长圆形，背面稍突，直径 6～7 mm。花期 4～6 月；果期 9～10 月。

　　产于我国南方各地；生于低海拔山区疏林内、灌丛中。

　　种子含巴豆油，含油率 34%～57%，有剧毒；根、叶、种子均可入药或作为杀虫剂。

树皮

果枝

植 株

变叶木

Codiaeum variegatum (L.) A. Juss.

大戟科变叶木属灌木或小乔木。叶形状和颜色变化很大，条形、条状披针形、琴形等多种形状，全缘、具裂片或中部两侧深裂至中脉，将叶分为上下2片，黄色、绿色、紫红色或间有杂色斑纹；中脉稍隆起，侧脉常不明显。花小，雌雄同株异序；雄花花梗纤细，萼裂片近圆形，花瓣5，雄蕊30；雌花花梗稍粗，萼裂片卵状三角形，花盘杯状，花柱外弯。蒴果球形，稍具3棱，略扁，白色；种子褐色，有斑纹。花期3～5月；果期夏季。

原产于印度尼西亚和澳大利亚。我国长江以南各地均有栽培；北方可盆栽，在室内越冬。

为重要的观叶植物。

丛植景观

花序枝

彩篱景观

盆景

彩篱景观

叶枝

树形

蝴蝶果

Cleidiocarpon cavaleriei (Lévl.) Airy-Shaw

　　大戟科蝴蝶果属乔木，高达30 m，胸径约1 m。幼枝、花果枝均被星状毛。叶椭圆形、长椭圆形或披针形，先端渐尖，基部楔形；托叶钻状，小，早落。圆锥花序；花单性，雌雄同序，花序密被灰黄色微星状毛；雄花多数在苞腋内密集，萼片长1.5～2 mm，花丝长3～5 mm；雌花1～6朵位于花序轴下部，无花瓣及花盘，副萼5～8，早落，萼片5～8，宿存，子房椭圆形，2室，每室1枚胚珠，花柱大部分合生，柱头3～5裂，裂片再次线状开裂。果核果状，偏斜卵圆形，不裂，基部骤窄呈柄状。花期11月至翌年5月；果期5～11月。

　　产于广西南部、贵州南部和云南东南部；生于海拔300～700 m低山、丘陵地带。

　　为散孔材，可作为板料、家具用材。

树皮

叶枝

红桑 *Acalypha wilkesiana* Muell. -Arg.

　　大戟科铁苋菜属常绿灌木。叶互生，阔卵形，古铜绿色，常杂有红色或紫色，边缘具起伏波状皱褶、钝锯齿；叶柄及叶腋均有毛。花序淡紫色，聚生。夏、冬季开花。

　　原产于马来群岛。我国华南地区有栽培。

　　可作为庭园观赏树或观叶绿篱。

果枝

花坛景观

植株

红背桂花 *Excoecaria cochinchinensis* Lour.

大戟科海漆属常绿灌木，高达 1.5 m。小枝无毛。叶对生，稀兼有互生或近 3 片轮生，叶窄椭圆形或长圆形，先端长渐尖，基部楔形，具疏细齿，表面绿色，背面紫红色，侧脉 8～12 对。总状花序，雄花序长 1～2 cm，雄花苞片宽卵形，基部上面两侧各具 1 腺体；苞腋有 1 朵花，小苞片 2，基部两侧各具 1 腺体；萼片 3，披针形，顶端有细齿，雄蕊伸出萼外。雌花苞片、小苞片、花萼同雄花。蒴果球形，直径约 8.5 mm，顶端凹陷；种子直径 3 mm。花期几全年。

台湾、广东、海南、广西等地有栽培；生于丘陵灌丛中。

为庭园观赏树种。

叶 枝

植 株

丛植景观

叶 枝

树 皮

树 形

乌桕 *Sapium sebiferum* (L.) Roxb.

　　大戟科乌桕属落叶乔木，高达15m，全株无毛，具有毒汁液。单叶互生，叶菱形至菱状卵形，全缘，稀有钝锯齿，先端尾状长渐尖，基部宽楔形；叶柄顶端具2腺体。花序长6～14cm。雄花苞片宽卵形，每苞片内具10～15朵花；小苞片3，边缘撕裂状；花萼杯形，具不规则细齿；雄蕊2～3，伸出花萼外。雌花苞片3深裂，每苞片常具1朵花，萼片卵形或卵状披针形。蒴果梨形或近扁球形，熟时黑色；种子3，扁球形，黑色，外被白色蜡质。花期5～7月；果期10～11月。

　　产于秦岭、淮河流域以南至广东、广西，东至沿海及台湾，西至四川、贵州、云南；适生于中性紫色土和石灰土中。

　　为观赏树种和南方重要工业油料树种；木材坚韧致密，不翘不裂，可作为家具、农具、车辆等用材。

橡胶树

Hevea brasiliensis (Willd. ex A. Juss.) Muell. -Arg.

大戟科橡胶树属大乔木，有丰富的白色乳汁，高达 30 m。三出复叶；小叶全缘，椭圆形至倒卵状椭圆形，长 10～25 cm，宽 4～10 cm，先端尖或渐尖，基部宽楔形，侧脉 14～22 对，网脉明显；小叶柄基部有腺体 3（2～4）；复叶叶轴长 5～14 cm。花序腋生，被灰白色短柔毛；萼片卵状披针形，密被灰白色短柔毛；雄花具雄蕊 10，2 轮；雌花子房 3～4（2～6）室，每室具 1 枚胚珠。蒴果椭圆状球形，直径 5～6 cm；种子长椭圆形，有斑纹，长约 3 cm，直径 1～1.5 cm，具沟状种脐。花期 3～4 月；果期 6～9 月。

原产于南美洲巴西亚马孙河及其支流山谷热带雨林。我国广东、广西、云南南部、福建及台湾均有栽培。

为最重要的天然橡胶原料树种。

树形

枝叶

片植景观

树皮

花序枝

植 株

紫锦木 *Euphorbia cotinifolia* L.

大戟科大戟属常绿大灌木至小乔木。叶广卵形，全缘，铜红色，常3片着生于一节上，叶柄长。花序淡白色。

原产于墨西哥及南美洲。我国华南地区有栽培。喜高温、高湿和阳光充足。

常年红叶，为著名的观赏树种。

丛植景观

虎刺梅

Euphorbia milii Ch. des Moulins

大戟科大戟属多刺直立或稍攀缘性灌木，高达1 m。刺钻形，坚硬。叶倒卵形或长圆状匙形，无叶柄，常生于嫩枝上，早落。杯状聚伞花序，总苞基部苞片鲜红色。蒴果扁球形。

原产于非洲马达加斯加。我国各地均有栽培，北方盆栽，在室内越冬。

为观赏植物。

花序枝

丛植景观

花坛景观

植株

盆栽景观

苞片枝

一品红

Euphorbia pulcherrima Willd.
ex Klotzsch

　　大戟科大戟属灌木，高达 3 m。小枝圆。叶卵状椭圆形或披针形，长 7 ~ 15 cm，宽 2.5 ~ 5 cm；生于下部的叶全为绿色，全缘，浅波状或浅裂，背面被柔毛；生于上部的叶较窄，全缘，开花时朱红色。杯状聚伞花序多数，顶生；总苞坛状，边缘齿裂，有 1 ~ 2 个黄色腺体；腺体杯状，无花瓣状附片；子房 3 室，无毛；花柱 3，顶端深 2 裂。花期 8 ~ 12 月。

　　我国各地均有栽培。喜温热气候，不耐寒。

　　为著名观赏树种；茎、叶入药，可治疗跌打损伤。

丛植景观

植　株

植 株

苞片枝

造 型

一品白

Euphorbia pulcherrima
'Alba'

　　大戟科大戟属灌木，为一品红的栽培变种。生于上部的叶较窄，全缘，开花时白色。

　　我国各地均有栽培。喜温热气候，不耐寒。

　　其他同一品红。

盆栽景观

孤植景观

光杆树 *Euphorbia tirucalli* L.

　　大戟科大戟属无刺灌木或小乔木，高3～7m。茎有乳管，富含白色乳汁，具毒性。分枝轮生或对生，圆柱状，小枝细长，绿色。叶少数散生或退化成不明显的鳞片状，无托叶。杯状聚伞花序通常有短总花序梗，簇生于枝条顶或枝杈上；总苞杯状，直径约2mm，内面被短毛；腺体5，无花瓣状附属物；雄花少数，苞片边缘撕裂，基部多少合生；雌花花柱下部多少合生，顶端短2裂，柱头头状。蒴果直径约6mm，暗黑色，被贴伏的柔毛；种子卵形，平滑，无疣状突起或皱纹。花、果期7～10月。

　　原产于非洲南部。我国华南地区有栽培；北方可盆栽，在室内越冬。为观赏树种。

叶枝

树形

散植景观

花序枝

漆树科 ANACARDIACEAE

杧果 *Mangifera indica* L.

　　漆树科杧果属常绿乔木，高达30 m。小枝灰褐色，具条纹。叶薄革质，窄披针形，长11～20 cm，宽2～2.8 cm，先端短渐尖，基部楔形，边缘波状，侧脉约20对。圆锥花序，花黄绿色，花瓣长圆状披针形。核果桃形，稍侧扁，果核灰白色。花期2～5月；果期7～8月。

　　产于云南南部、贵州南部、广西西南部、广东南部、海南、台湾。喜酸性深厚沙壤土，在钙质土上不能生长。幼树稍耐阴，大树喜光。

　　树姿雄伟，枝叶繁茂，为优良城市绿化、行道树及防护林树种；木材淡黄褐色，纹理直，油漆性能好，耐海水侵蚀，可作为造船、车辆等用材；果皮、果壳可入药。

果枝

孤植景观

树形

群植景观

树 形

桃形杧果

Mangifera persisiformis C. Y. Wu et T. L. Ming

 漆树科杧果属常绿乔木，高达 30 m。小枝灰褐色，具条纹。叶薄革质，窄披针形，长 11～20 cm，宽 2～2.8 cm，先端短渐尖，基部楔形，边缘波状，侧脉约 20 对。圆锥花序，花黄绿色，花瓣长圆状披针形。核果桃形，稍侧扁，果核灰白色。花期 2～5 月；果期 7～8 月。

 产于云南南部、贵州南部、广西西南部、广东南部、海南、台湾。喜酸性深厚沙壤土，在钙质土上不能生长。幼树稍耐阴，大树喜光。

 树姿雄伟，枝叶繁茂，为优良城市绿化、行道树及防护林树种；木材淡黄褐色，纹理直，油漆性能好，耐海水侵蚀，可作为造船、车辆等用材；果皮、果壳可入药。

树 皮

叶 枝

槟榔青

Spondias pinnata (L. f.) Kurz

漆树科槟榔青属落叶乔木。奇数羽状复叶，小叶对生，卵状长圆形或椭圆状长圆形，先端渐尖或尾尖，基部楔形或近圆形，全缘。先花后叶，圆锥花序顶生，花白色，花瓣卵状长圆形。核果椭圆形或椭圆状卵形，肉质。

产于云南、广西、海南；生于海拔1000 m 以下的石灰岩山地。

树皮可提制栲胶；木材白色，轻软，可用作板材；果及幼叶可食。

树 形

果 枝

树 皮

人面子

Dracontomelon duperreanum Pierre

　　漆树科人面子属常绿大乔木，高达 25 m，胸径约 1.5 m；具发达的板状根。幼枝被灰色绒毛。奇数羽状复叶，小叶 5～7 对；小叶互生，长椭圆形，先端渐尖，基部宽楔形或近圆形，侧脉 8～9 对。圆锥花序，疏被灰色微柔毛，花白色，花瓣披针形或窄长形。核果扁球形，黄色，果核上部具 5 个大小不等的发芽孔。

　　产于云南、广西、广东、海南。喜温暖、湿润、雨量充足的气候。喜土层深厚、排水良好的酸性及中性土壤；对二氧化硫、氯气抗性强。

　　树冠开展，枝叶茂密，遮阴效果好，是热带、亚热带行道树及"四旁"绿化的好树种；木材致密，有光泽，纹理美丽，耐腐，可作为建筑、家具等用材；种子油可做润滑油及制作肥皂；果肉可食，也可入药。

树形

枝

行道树景观

树皮

树 形

果 枝

果 枝

群植景观

阿月浑子 *Pistacia vera* L.

漆树科黄连木属落叶乔木，高达 7 m；树皮灰白色、粗糙。小枝新梢表皮光滑，红褐色或淡褐色。奇数羽状复叶，小叶 3～7；小叶互生，卵圆形、全缘、革质；叶脉浅红色，突出于叶肉。花单性，无花瓣，雄、雌花均为圆锥花序。核果状坚果，外果皮红色或有红晕，内果皮白色、骨质；种子卵圆形或长圆形，外被紫色种皮，种仁淡绿色或乳黄色。花期 4 月；果期 7～9 月。

原产于西亚和中亚。我国新疆、甘肃、河北等地有栽培。

树冠浑圆，早春红褐色的嫩叶和雄花序、夏季红色的果实均极美观，可作为观赏植物；抗旱，耐寒，耐贫瘠，可作为干旱山地和荒漠的绿化树种；其木材细致坚硬，抗压、抗弯，可用于制作精美家具或雕刻工艺制品等；种子及外皮可入药。

冬青科 AQUIFOLIACEAE

枸骨 *Ilex cornuta* Lindl. et Paxt.

冬青科冬青属常绿灌木或小乔木。小枝干后呈灰色。叶厚革质，二型，表面有光泽，四方状长圆形，每边具1～5枚三角形刺状硬齿；老树叶全缘，先端突尖或短渐尖，有刺状尖头，基部圆或平截，侧脉5～6对。花簇生，白色或黄白色；雄花花梗长5～6 mm；雌花花梗长8～9 mm，有退化雄蕊，子房长3～4 mm，柱头盘状。核果，球形，直径8～10 mm，红色。花期4～5月；果期8～9月。

原产于长江下游各地，长江以南各地广泛栽培，北方盆栽，在室内越冬。

为庭园观赏植物；叶、果实可作为滋补强壮药；种子油可制作肥皂；树皮可做染料或熬胶。

造 型

果 枝

植 株

果 枝

花序枝

果枝

榕叶冬青

Ilex ficoidea Hemsl.

冬青科冬青属常绿乔木，高 8 ~ 12 m。幼枝具纵棱沟，具半圆形较平坦的叶痕。叶片革质，长圆状椭圆形、卵状或稀倒卵状椭圆形。花序花簇生，花白色或淡黄绿色，芳香。果球形或近球形，红色；分核 4，长椭圆形，背具掌状线纹或槽，侧面具皱纹和洼点，石质。花期 3 ~ 4 月；果期 8 ~ 11 月。

产于安徽南部、浙江、江西、福建、台湾、湖北、湖南、广东等地；生于海拔 300 ~ 1880 m 的山地常绿阔叶林、杂木林和疏林内或林缘。

为庭园观赏树种；木材粉红微褐色，结构细，可制作家具等。

树形

果枝

树皮

林形

果枝

川黔冬青

Ilex hylonoma Hu et Tang

冬青科冬青属乔木，高达 10 m。叶椭圆形或长圆状椭圆形，有突尖头，具锐尖粗锯齿或刺齿。聚伞花序簇生于叶腋。果球形；分核 4，倒卵形，背具纵脊、皱纹和洼点，石质。

产于四川峨眉山、贵州、广西、广东、湖南；生于山坡、林缘或路边。

可栽培供观赏。

铁冬青
Ilex rotunda Thunb.

　　冬青科冬青属常绿乔木或灌木，高达
20 m，胸径达 1 m；树皮灰绿色至灰黑色。
小枝圆柱形，挺直，当年生枝具纵棱，顶
芽圆锥形，小。叶仅见于当年生枝上，叶
片薄革质或纸质，卵形、倒卵形或椭圆形。
聚伞花序或伞形花序，花白色，花瓣倒卵
状长圆形。果近球形或稀椭圆形，内果皮
近木质。花期 4 月；果期 8 ～ 12 月。

　　产于江苏、安徽、江西、福建、贵州
和云南等地；生于海拔 400 ～ 1100 m 的
山坡常绿阔叶林中和林缘。

　　叶和树皮入药，有凉血、散血的功效，
可治烫伤、胃痛等；树皮可提制染料和
栲胶。

树 形

果

孤植景观

树皮

卫矛科 CELASTRACEAE

金边大叶黄杨 *Euonymus japonicus* 'Aureo-marginatus'

卫矛科卫矛属常绿灌木或小乔木。小枝绿色，稍呈四棱形，冬芽绿色，纺锤形。叶对生，倒卵形或狭椭圆形，具黄色边缘，先端钝或渐尖，缘具钝锯齿。聚伞花序腋生，一至二回二歧分枝；花绿白色，花瓣椭圆形，花丝细长，花盘肥大，花柱和雄蕊近等长。蒴果扁球形，淡红色；种子卵形，假种皮橘红色。花期 6～7 月；果期 9～10 月。

原产于日本。我国各地均有栽培。

供观赏或用作绿篱；树皮入药，有利尿等功效。

植 株

叶 枝

胶州卫矛 *Euonymus kiautschovicus* Loes.

卫矛科卫矛属直立或蔓性半常绿灌木，高 3～8 m。小枝圆形。叶片近革质，长圆形、宽倒卵形或椭圆形，长 5～8 cm，宽 2～4 cm，先端渐尖，基部楔形，边缘有粗锯齿；叶柄长达 1 cm。聚伞花序二歧分枝，花淡绿色；雄蕊有细长分枝，呈疏松的小聚伞状。蒴果扁球形，粉红色，直径约 1 cm，4 纵裂，有浅沟；种子包有黄红色的假种皮。花期 8～9 月；果期 9～10 月。

产于山东、安徽、江西、湖北等地；生于山谷、林中多岩石处。耐阴，喜温暖气候，稍耐寒。

可攀缘墙面、山石供观赏，也可作为绿篱栽培供观赏。

植 株

果 枝

叶 枝

果 枝

栓翅卫矛
Euonymus phellomanus Loes.

卫矛科卫矛属灌木,高3～4m。枝条硬直,常具4纵列木栓厚翅。叶长椭圆形或略呈椭圆倒披针形,先端窄长渐尖,边缘具细密锯齿;叶柄长8～15mm。聚伞花序2～3次分枝;花白绿色,直径8～15mm。种子椭圆形,长5～6mm,直径3～4mm,种脐、种皮棕色,假种皮橘红色,包被种子全部。花期7月;果期9～10月。

产于甘肃、陕西、河南及四川北部;生于山谷林中,分布于南方各地2000m以上的高海拔地带。

可栽培供观赏。

植 株

果枝

省沽油科
STAPHYLEACEAE
膀胱果
Staphylea holocarpa
Hemsl.

省沽油科省沽油属落叶小乔木，高达 10 m。复叶 3 小叶，椭圆形或卵状椭圆形，长 5～11 cm，宽 2～5 cm，先端尾尖，基部楔形或圆形，锯齿锐尖。花白色或粉红色。蒴果梨形，长 3～5 cm，顶端 3 裂；种子倒卵状球形，黄灰色，有光泽，种脐白色。花期 4～5 月；果期 9 月。

产于甘肃南部、陕西秦岭以南、湖北、湖南等地；生于海拔 2000 m 以下的山区疏林内或林缘。

可栽培供观赏；木材可用于制作木钉及筷子；种子含油率 17%，可榨油制作肥皂及油漆；果、根可入药；茎皮纤维可作为工业原料。

树形

树皮

槭树科 ACERACEAE

青榨槭

Acer davidii Franch.

槭树科槭树属落叶乔木，高达20 m；树皮灰褐色，常纵裂成蛇皮状。小枝绿色，受光面常绿褐色。单叶纸质，卵形或长圆形，先端锐尖，基部近心形，边缘有不整齐钝圆齿，侧脉11～12对。总状花序，雄花序短，雌花序长；花瓣倒卵形。翅果熟时黄褐色，展开成钝角。花期4月；果期9月。

产于我国华北、华东及西南等地。

中国特有，被列为《中国物种红色名录》保护种。姿态优美，叶形秀丽，秋季红艳，为优良的观赏树或盆景材料；茎皮纤维可用于制造人造棉、编绳索、织麻袋等；茎皮含鞣质，可提制栲胶；种子可榨油。

果 枝

树 皮

果 枝

树 形

树皮

叶枝

血皮械
Acer griseum (Franch.) Pax

　　械树科械树属落叶乔木，高达 20 m；树皮赭褐色，常薄片状脱落。1 年生枝淡紫色，密被淡黄色长柔毛。复叶具 3 小叶，小叶厚纸质，卵形、椭圆形或矩圆形，顶端钝尖，边缘常具 2～3 个钝粗锯齿，表面嫩时有短毛，背面有白粉并有黄色柔毛。聚伞花序被长柔毛，花瓣长圆状倒卵形。翅果长 3.2～3.8 cm，果核黄褐色，突起，密被黄色绒毛，翅成锐角或近直角。花期 4 月；果期 9 月。

　　产于河南西南部、陕西南部、湖北西部、四川东部；多生于海拔 1500～2000 m 的疏林中。

　　易危物种（VU），被列为《中国物种红色名录》保护种。可栽培供观赏；木材坚硬，可制作贵重器具。

飞蛾槭 *Acer oblongum* Wall. ex DC.

槭树科槭树属落叶或半常绿乔木，高达 20 m；树皮灰褐色，裂成薄片脱落。1 年生枝紫色或淡紫色，老枝褐色。单叶革质，长圆卵形或卵形，基部楔形或近圆形，先端渐尖或钝尖，背面被白粉，侧脉 6 ～ 7 对。花杂性同株，花序被毛；花绿色或黄绿色，花瓣倒卵形。翅果长约 2.5 cm，小坚果突出，翅成直角，翅先端宽，似蛾类展翅飞翔状。花期 4 ～ 5 月；果期 9 月。

产于我国西南及台湾等地；多生于海拔 1000 ～ 1500 m 的阔叶林中。

被列为《中国物种红色名录》保护种。可栽培供观赏；木材可制作家具；茎皮纤维可作为工业原料。

丛植景观

树形

果枝

树皮

树 形

树 皮

天山槭
Acer semenovii Regel et Herder

槭树科槭树属落叶灌木或小乔木，高3～5m；树皮灰色，细纵裂。1年生枝棕色或黄褐色，圆柱形。单叶对生，近革质，长卵形或卵形至三角状卵形，基部圆形、心形或截形，缘有不规则的钝圆锯齿或缺刻。伞房状圆锥花序，花密集，有短粗腺毛；花淡绿色。翅果长3～3.5cm，翅成直角，翅嫩时淡红色，成熟后淡黄色。花期5～6月；果期9月。

产于新疆天山；生于海拔2000～2200m的河谷和山坡疏林中。

易危物种（VU），被列为《中国物种红色名录》保护种。为优良的用材、绿化和蜜源树种。

果 枝

细裂槭

Acer stenolobum Rehd.

槭树科槭树属落叶小乔木。叶长
3～5 cm，基部近平截，3 深裂，裂片长
圆状披针形，全缘，背面脉腋具丛毛，侧
脉 8～9 对；叶柄长 3～6 cm，淡紫色。
花瓣长圆形或条状长圆形。翅果嫩时绿色，
熟后淡黄色，长 2～2.5 cm，翅长圆形，
翅成钝角或近直角。花期 4 月；果期 9 月。

产于内蒙古西南部、山西西部、
陕西北部、甘肃东北部；生于海拔
1000～1500 m 的山区。

为庭院绿化、观赏树种。

树形

树皮

叶枝

七叶树科
HIPPOCASTANACEAE
欧洲七叶树 *Aesculus hippocastanum* L.

七叶树科七叶树属落叶乔木，高达30 m。小枝淡绿色或紫绿色，嫩时被棕色长柔毛。复叶，小叶5～7；小叶倒卵状长椭圆形，先端骤渐尖，基部楔形，侧脉18对。圆锥花序顶生，花瓣白色，有红色斑纹。果近球形，褐色，具刺。花期5～6月；果期9月。

原产于阿尔巴尼亚和希腊北部山区。我国上海、青岛、北京等地有栽培。

树体高大雄伟，树冠广阔，绿荫浓密，花序美丽，是很好的行道树和庭园观赏树种；木材可用于制作各种家具。

树形

叶枝

叶枝

澜沧七叶树
Aesculus lantsangensis Hu et Fang

七叶树科七叶树属落叶乔木；树皮灰褐色。小枝深紫色或紫绿色，嫩时被柔毛。复叶叶柄长15～18 cm，淡紫色，被微柔毛，小叶7；小叶长圆状椭圆形或长圆状倒披针形，先端尾尖，基部楔形，侧脉20～22对。花序轴密被淡黄色柔毛，长2～2.5 cm，花萼钟形或管状钟形；花瓣白色，有褐色斑纹。花期5月；果期8月。

产于云南西南部；生于海拔1500 m地带林中。

极危物种（CR），被列为《中国物种红色名录》保护种。为庭院绿化、观赏树种。

树形

果枝

树形

孤植景观

树皮

无患子科
SAPINDACEAE

无患子
Sapindus mukorossi Gaertn.

　　无患子科无患子属落叶乔木，高达25 m；枝开展，呈广卵形或扁球形树冠。树皮灰白色，平滑不裂。小枝无毛，芽2个叠生。羽状复叶，小叶先端尖，基部不对称，全缘，薄革质，无毛。圆锥花序顶生，花黄色或带淡紫色。核果近球形，熟时黄色或橙黄色；种子球形，黑色，坚硬。花期5～6月；果期9～10月。

　　产于长江流域及其以南各地。喜光，喜温暖、湿润气候，耐寒性不强；深根性，抗风力强；对二氧化硫抗性较强。

　　树形高大，树冠广展，绿荫稠密，秋叶金黄，宜作为庭荫树及行道树；果肉含皂素，可代替肥皂。

果枝

荔枝 *Litchi chinensis* Sonn.

　　无患子科荔枝属常绿乔木，高达30 m，具板状根；树皮灰色，粗糙至浅纵裂。小枝褐红色，密被白色皮孔。偶数羽状复叶互生，小叶2～4对，长椭圆状披针形，薄革质，先端近尾尖，基部楔形。圆锥花序顶生，花小，无花瓣。果球形或卵形，熟时红色，果皮有显著突起小瘤体；种子棕褐色。花期3～4月；果期5～8月。

　　产于福建、广东、海南、广西、云南南部等地。喜光，喜温暖、湿润气候及腐殖质深厚的酸性土壤，怕霜冻。

　　树冠宽广，枝叶茂密，可种植于庭园供观赏；木材坚重，是名贵用材；为珍贵果品，假种皮营养价值极高；果皮、根、茎皮含鞣质，可提制栲胶；根及果核可入药。

行道树景观

群植景观

孤植景观

树形

果枝

树形

红毛丹

Nephelium lappaceum L.

无患子科韶子属常绿乔木；树干粗大多分枝，树冠开张，嫩梢褐色被铁锈色短柔毛。叶为偶数羽状复叶，互生或对生。顶生或腋生的圆锥花序，有雄花、雌花和具雌花功能的两性花3种花。果实为核果，球形、长卵形或椭圆形，串生于果梗上，果被软刺，红褐色。花期2～4月；果期6～8月。

原产于马来半岛。我国台湾、海南有栽培，云南西双版纳有试种。喜光，喜湿，喜有机质丰富的微酸性土壤。

可作为观赏树种；果实宜鲜食，也可加工成各种制品；果核含油率近37%，适于制作肥皂；新梢可做染料。

果枝

滨木患 *Arytera littoralis* Bl.

无患子科滨木患属常绿小乔木或灌木。嫩枝被毛，皮孔密，黄白色。叶长15～35 cm，小叶2～3对；小叶近对生，长圆状披针形或披针状卵形，先端骤钝尖，基部宽楔形，侧脉7～10对。花序紧密多花，被锈色短绒毛，芳香。果椭圆形，红色或橙黄色；种子枣红色，假种皮透明。花期初夏；果期秋季。

产于广东、海南、广西、云南。

木材坚硬，可用于制作农具。

树形

果枝

花序枝

全缘叶栾树

Koelreuteria bipinnata var. *integrifoliola* (Merr.) T. Chen

　　无患子科栾树属落叶乔木，高达 17 m；树冠近球形，树皮灰褐色，片状剥离。小枝无顶芽，有绒毛。二回羽状复叶互生；小叶椭圆状卵形或椭圆形，全缘，偶有疏锯齿。聚伞圆锥花序顶生，密被绒毛；花黄色，中心花紫色。蒴果圆锥形，紫红色，具 3 棱，顶端钝；种子圆形，黑色。花期 8～9 月；果期 10～11 月。

　　产于江苏南部、安徽、江西、广东、广西等地。喜光，耐旱，耐寒，耐瘠薄，耐盐碱；抗烟尘及部分气体污染。

　　树形端正，枝叶繁茂而秀丽，冠大荫浓，花色金黄，果实红艳，是理想的绿化、观赏树种；也可用作防护林、水土保持、荒山绿化及"四旁"绿化树种；种子油可做润滑油及制肥皂；花可做黄色染料。

街道绿化景观

树 形

街道绿化景观

鼠李科 RHAMNACEAE

冻绿 *Rhamnus utilis* Decne.

　　鼠李科鼠李属灌木或小乔木，高达4 m。幼枝无毛，小枝红褐色，对生或近对生，枝端常具针刺；腋芽小，有数片芽鳞，边缘有白色缘毛。叶纸质，对生或近对生，或在短枝上簇生，椭圆形、长圆形或倒卵状椭圆形，顶部突尖或锐尖，基部楔形，边缘有细锯齿，沿脉或脉腋有金黄色柔毛；叶柄长0.5～1.5 cm，有疏微毛或无毛；托叶披针形，常具疏毛，宿存。花单性，雌雄异株，4基数，具花瓣；聚伞花序生于叶腋或枝端；雌花具退化雄蕊。核果近球形，成熟时黑色，具2分核；果梗长5～12 mm，无毛。花期5～6月；果期6～8月。

　　产于河北、山西、陕西、甘肃、四川、河南等地。生于海拔1500 m以下的山区、丘陵、山坡灌丛、疏林中。

　　可栽培供观赏。

果　枝

植　株

果枝

枳椇

Hovenia acerba Lindl.

　　鼠李科枳椇属落叶乔木，高10～15 m；树皮灰黑色。嫩枝褐色，有明显皮孔。叶宽卵形、椭圆状卵形或心形，长8～17 cm，宽6～12 cm，先端渐尖或突渐尖，具浅钝细锯齿，表面深绿色无毛，背面淡绿色，沿脉常被短柔毛。花序腋生或顶生，花黄绿色。浆果状核果近球形，熟时黄褐色；种子暗褐色。花期5～7月；果期8～10月。

　　产于长江流域以南各地；生于海拔2100 m以下的山区疏林、林缘、开阔地。

　　树形美观，可栽培供观赏；果序轴民间常用于浸酒治风湿；种子为清凉利尿药；木材纹理美观，可作为家具、车船及美工工艺用材。

树形

花序枝

勾儿茶

Berchemia sinica Schneid.

鼠李科勾儿茶属攀缘性灌木，高达5m。叶互生，卵形或卵圆形，表面无毛，背面干时灰白色。圆锥花序或总状花序顶生，花黄绿色。核果长球形，长5～6mm；幼果粉红色，成熟后变黑。花期6～8月；果期翌年5～6月。

产于黄河以南广大地区；生于林下或林缘、山坡石缝中。

园林中可作为落叶绿篱或用于遮挡不良视线。

果枝

花序枝

葡萄科 VITACEAE

五叶地锦

Parthenocissus quinquefolia (L.) Planch.

葡萄科爬山虎属木质藤本。小枝圆柱形，无毛。叶为掌状5小叶，小叶倒卵圆形、倒卵状椭圆形或外侧小叶椭圆形，先端短尾尖，基部楔形、阔楔形，边缘有粗锯齿；小叶有短柄或几无柄。花序假顶生形成主轴明显的圆锥状多歧聚伞花序；花瓣5，长椭圆形；雄蕊5；子房卵锥形。果实球形；种子倒卵形，顶端圆形，基部急尖成短喙。花期6～7月；果期8～10月。

原产于北美洲。我国东北、华北各地有栽培。为优良的城市垂直绿化树种。

植株

叶枝

果枝

花架景观

扁担藤 *Tetrastigma planicaule* (Hook. f.) Gagnep.

葡萄科崖爬藤属木质大藤本,茎扁平,深褐色。小枝圆柱形或微扁形,有纵横纹,无毛。叶为掌状5小叶,小叶长圆披针形、披针形、卵披针形,先端渐尖或急尖,基部楔形,边缘每侧有5～9个锯齿,锯齿不明显或细小,稀较粗,表面绿色,背面浅绿色;侧脉5～6对,网脉突出;叶柄长3～11 cm,无毛。花序腋生,下部有节,节上有褐色苞片;花序梗长3～4 cm。果实近球形,直径2～3 cm,多肉质;种子1～3,长椭圆形。花期4～6月;果期8～12月。

产于福建、广东、广西、贵州、云南、西藏东南部;生于海拔100～2100 m的山谷中或山坡岩石缝中。

为庭园绿化、观赏树种;藤茎供药用,有祛风湿的功效。

植 株

树 皮

叶 枝

花架景观

果 枝

果 枝

丛植景观

树 皮

树 形

椴树科 TILIACEAE

华椴 *Tilia chinensis* Maxim.

椴树科椴树属乔木，高达 15 m。嫩枝无毛，芽倒卵形，无毛。叶宽卵形，长 5～10 cm，宽 4.5～9 cm，先端骤短尖，基部斜心形或近平截，表面无毛，背面被灰色茸毛；叶柄长 3～5 cm，稍粗，被灰色毛。花序长 4～7 cm，花 3～4，花序梗被毛，下半部与苞片合生；萼片长卵形，长约 6 mm，外面被星状柔毛；花瓣长 7～8 mm。果椭圆状卵形，长约 1 cm，有 5 条棱，被黄褐色星状绒毛。花期 7 月；果期 8～9 月。

产于甘肃、陕西、河南、湖北、四川、云南；生于海拔 1000 m 以上土层深厚的山坡或沟谷中。

材质轻柔，白色，宜做家具、火柴杆等；树皮富含纤维，可制绳索或造纸等。

叶 枝

树 形

丛植景观

少脉椴

Tilia paucicostata Maxim.

椴树科椴树属乔木，高约13 m。嫩枝细，无毛。叶卵形或卵圆形，长4～7 cm，宽3.5～6 cm，先端骤锐尖，基部斜心形或斜平截，两面无毛或背面疏被绒毛，脉腋有簇生毛，具细锯齿。花序长4～8 cm，花6～8；苞片长5～8.5 cm，宽1～1.6 cm，两面近无毛，下半部与花序梗合生，基部有短柄，长0.7～1.2 cm；花瓣长5～6 cm；雌蕊长约4 cm；子房被星状柔毛。果倒卵形，长6～7 cm。

产于甘肃、陕西、湖北、云南；生于林缘、山坡或沟内。

材质轻柔，白色，宜做家具、火柴杆等；树皮富含纤维，可制绳索或造纸等。

花枝

植株

锦葵科 MALVACEAE

金铃花

Abutilon striatum Dickson.

　　锦葵科苘麻属常绿灌木，高达1m；树冠丰满。叶掌状3～5深裂，宽5～8cm，裂片卵形，先端长渐尖，边缘具锯齿。花单生于叶腋，花梗下垂；花钟形，橘黄色相间紫色条纹。花期5～10月。

　　原产于南美洲巴西、乌拉圭等地。我国许多地区的温室或露地均有栽培。

　　为重要观赏植物，可布置花丛、花境，也可制作盆栽、悬挂花篮等。

木芙蓉 *Hibiscus mutabilis* L.

　　锦葵科木槿属落叶灌木或小乔木，高达5m。小枝密被星状毛及细棉毛。叶卵圆状心形，宽10～15(22) cm，5～7裂，先端渐尖，具钝圆锯齿，表面疏被星状细毛，背面密被星状细绒毛。花单生；花初开时白色或淡红色，后为深红色，直径约8cm，基部具髯毛。果扁球形，直径约2.5cm，被淡黄色刚毛及棉毛；种子被长柔毛。花期8～11月。

　　产于湖南、辽宁、陕西及华北；长江以南各地均有栽培。

　　为著名观赏树种；茎皮纤维洁白、柔韧，耐水湿，可供纺织、制绳索及造纸等用；叶、花及根皮入药，有清热解毒、消肿排脓、止血的功效。

植株

花枝

果枝

盆栽景观

花枝

朱槿

Hibiscus rosa-sinensis L.

　　锦葵科木槿属常绿灌木，高约6m。小枝疏被星状柔毛。叶宽卵形或卵状椭圆形，长4～10cm，先端渐尖，基部近圆形或楔形，具粗齿或缺刻；托叶条形，被毛。花单生于近枝端叶腋，常下垂；花梗长3～7cm，近无毛；花冠漏斗形，直径6～10cm；花瓣倒卵形，玫瑰红或淡黄色。果卵形，长约2.5cm，无毛，具喙。花期全年。

　　产于我国南方，四川、云南、广西、广东、福建、台湾有栽培。喜温暖气候，不耐寒。

　　为观赏树种，也可栽培作为绿篱；根、叶、花可入药，有解毒、利尿、调经的功效；茎皮含纤维，可制绳索。

丛植景观

植株

植株

重瓣朱槿

Hibiscus rosa-sinensis var. *rubro-plenus* Sweet

　　锦葵科木槿属常绿灌木，高达6m。小枝疏被星状柔毛。单叶，互生，卵形或卵状披针形，先端渐尖，基部圆形；叶柄长；托叶早落。花重瓣，较朱槿为大，花萼小，钟形，先端5裂，基部具有苞片多枚；花瓣多枚排列成彩球状，颜色繁多，黄色、红色、粉红色等皆有；雄蕊简单不显著。

　　产于我国南方，长江以南地区有栽培。喜温暖气候，不耐寒。

　　花大艳丽，四季常开，为优美观赏树种，也可栽培用作绿篱；根、叶、花入药，有解毒、利尿、调经的功效；茎皮含纤维，可制绳索。

花枝

花枝

花枝

悬铃花 *Malvaviscus arboreus* var. *penduloflorus* Schery

　　锦葵科悬铃花属常绿灌木。单叶互生，卵形至近圆形，有浅裂，叶形变化较多，表面具星状毛。花通常单生于上部叶腋，下垂；花冠漏斗形，长5～6cm，鲜红色，花瓣基部有显著耳状物，仅上部略微展开；雄蕊集合成柱状，长于花瓣。

　　原产于墨西哥、巴西。我国华南地区有栽培。喜高温、多湿和阳光充足的环境。

　　适合于庭园和风景区栽植。

植株

花枝

花枝

木棉科 BOMBACACEAE

水瓜栗 *Pachira aquatica* Aubl.

　　木棉科瓜栗属小乔木。小叶 5～7（9），倒卵形或长椭圆状披针形，长 10～30 cm，先端渐尖，基部楔形。花淡红色带紫色，艳丽，外被柔毛；花梗粗，长约 2 cm，被黄色星状绒毛；萼近革质，长约 1.5 cm，疏被星状柔毛。果卵形，长 20～30 cm，直径 7.7～12.5 cm；果皮厚，木质，黄褐色。花期 5～11 月。

　　原产于墨西哥南部、中美洲、南美洲。我国华南地区有栽培。

　　为庭园栽培观赏树种；种子烤熟可食。

树形

花枝

板状根

丛植景观

果枝

行道树景观

果枝

盆栽

瓜栗 *Pachira macrocarpa* (Cham. et Schlecht.) Walp.

　　木棉科瓜栗属乔木。幼枝栗褐色，无毛。小叶5（7～11），长椭圆形或倒卵状长椭圆形，长7.5～24 cm，宽4.5～8 cm，先端渐尖，基部楔形，侧脉16～20对，背面被锈色星状毛，小叶具短柄或近无柄；复叶总柄长11～15 cm。花瓣淡黄白色，窄披针形或条形，长达15 cm，上部反卷。蒴果卵球形或近梨形，长9～22.5 cm；果皮厚，木质，黄褐色。花期5～11月；果先后成熟。

　　原产于墨西哥和哥斯达黎加。我国海南、云南西双版纳有栽培。

　　果未成熟时果皮可食；种子炒熟可食，也可榨油。

树 皮

行道树景观

树 形

木棉 *Bombax malabaricum* DC.

木棉科木棉属大乔木，高达40 m；树干通直粗大，幼树树干及枝条具圆锥形皮刺；树皮灰白色。小叶5～7，长圆形或圆状披针形，长10～16 cm，宽3.5～5 cm，先端渐尖，基部楔形。花直径约10 cm；萼长2～4.5 cm，内面密被短绢毛；花瓣红色肉质，倒卵形，长8～10 cm。果椭圆形，长10～15 cm，密被毛；种子倒卵形。花期2～3月；果期夏季。

产于福建南部、台湾、广东南部、海南、广西、云南南部、贵州南部、四川南部；多生于干热河谷、低山、丘陵。

木材纹理直，结构粗，轻软，不翘裂，可作为瓶塞、衬板及飞机等的缓冲材料；木材纤维长，亦可制作纸浆；果可用作枕芯、褥垫等的填充物；花晒干后可入药，有祛湿热的功效；种子含油率20%～25%，可制作润滑油等。

梧桐科
STERCULIACEAE

可可 *Theobroma cacao* L.

梧桐科可可属常绿乔木，高达12 m；树皮厚，暗灰褐色。嫩枝褐色，被短柔毛。叶卵状长圆形或倒卵状长圆形，长20～30 cm，宽7～10 cm，先端长渐尖，基部圆形、近心形或楔形，无毛或叶脉稍被星状毛。聚伞花序；萼粉红色，萼片长披针形，宿存；花瓣淡黄色，略比萼长，下部盔状后卷，顶部尖。果椭圆形或长圆形，长15～20 cm，直径约7 cm，具10纵沟，深黄色或近红色，干后褐色；种子卵形，稍扁，长约2.5 cm，子叶肥厚，无胚乳。花期几全年。

原产于墨西哥。我国台湾、福建南部、海南、广西南部、云南南部均有栽培。

种子俗称"可可豆"，是可可粉和巧克力的主要原料；种子入药，有强心、利尿的功效，可做滋补品及兴奋剂。

树形

叶枝

果枝

果枝

树

五桠果科 DILLENIACEAE

毛五桠果 *Dillenia turbinata* Finet et Gagnep.

五桠果科五桠果属常绿乔木，高达 25 m。小枝被锈褐色绒毛。叶倒卵形或长倒卵形，长 12～30 cm，先端圆或稍尖，基部楔形，边缘有锯齿；叶柄长 2～6 cm，有窄翅。总状花序顶生；花 3～5；萼片 5，厚肉质，卵形；花瓣 5，黄色或浅红色，倒卵形。聚合浆果近球形，暗红色。花期 4～5 月；果期 6～7 月。

产于广东、广西、云南；生于海拔 700～1000 m 杂木林及河沟旁。

枝繁叶茂，花、果美丽，为绿化、观赏树种；木材可制作家具、农具；果熟时酸甜，可食用。

树形

板状根

果枝

叶枝

山茶科
THEACEAE

红皮糙果茶

Camellia crapnelliana Tutch.

山茶科山茶属小乔木，高5～7 m；树皮红色。嫩枝无毛。叶硬革质，椭圆形，先端短尖，基部楔形，表面深绿色，背面灰绿色，无毛，边缘有细钝齿。花单花顶生，近无柄；花冠白色，倒卵形，雄蕊长约1.7 cm，子房有毛，花柱3条，有毛；胚珠每室4～6。蒴果球形，每室有种子3～5枚。

产于香港、广西南部、福建、江西及浙江南部；生于海拔500 m以下山腰、山谷、路旁和林中。

易危物种（VU），被列为《中国物种红色名录》保护种。种子油清香，可食用。

红皮糙果茶树形
红皮糙果茶果枝

山茶 *Camellia japonica* L.

山茶科山茶属常绿灌木或小乔木，高1～2 m。叶倒卵形至椭圆形，革质，先端钝尖，基部楔形，边缘有细锯齿，表面暗绿色，有光泽，背面淡绿色，两面无毛；叶柄短。花单生或成对生于叶腋或枝端，红色或白色，花瓣5～7，近圆形；花丝无毛；子房光滑，花柱顶端分3裂。蒴果球形，直径约3 cm，无毛；种子球形或带棱角。花期1～3月。

产于我国南部，云南此种最著名，有许多品种。

花色美丽，是我国名花之一，河北和北京各公园均有盆栽，供观赏。

山茶树形
山茶花枝

花 枝

花 枝

花 枝

花 枝

植 株

什样锦

Camellia japonica 'Shiyanchin'

山茶科山茶属常绿灌木或小乔木，为山茶的栽培变种。花色桃红，间以白色条纹，或白色花间以红色条纹。

其他同山茶。

油茶 *Camellia oleifera* Abel

　　山茶科山茶属小乔木或灌木，高7～8 m。冬芽鳞片有黄色长毛。叶卵状椭圆形，叶缘有锯齿；叶柄有毛。花白色，腋生或顶生，无花梗；萼片多数，脱落；花瓣顶端2裂；雄蕊多数，外轮花丝仅基部合生；子房密生白色丝状绒毛。蒴果，果瓣厚木质；种子黑褐色，有棱角。花期10～12月；果翌年9～10月成熟。

　　产于江西、湖南、广西、广东、浙江、福建、安徽、贵州、云南、湖北、河南；生于山坡、林缘。

　　为重要的木本油料树种，可食用、调制罐头食品、制作人造黄油及供工业和医药用；茶籽饼可制作肥料且有防虫害的效果；木材坚实，可做农具柄；亦为蜜源植物。

花枝

树形

海南红楣 *Anneslea hainanensis* (Kob.) Hu

　　山茶科茶梨属乔木，高达20 m；全株无毛。小枝粗。叶长圆状倒卵形，先端圆钝，基部宽楔形，全缘，边缘反卷，中脉表面下凹。花红白色至红色，萼片宽卵形；花瓣倒卵状长圆形，基部联合成管。果椭圆形；种子长圆形，红色。花期3～4月；果期10～12月。

　　产于海南吊罗山、陵水、保亭和广西、广东等地；多生于海拔600～800 m的山坡沟谷林中，有时也见于山地灌丛中。

　　可庭园栽培供观赏；木材黄红色，纹理直，结构细，可作为建筑、家具等用材。

树形

树皮

花枝

藤黄科 GUTTIFERAE

金丝桃 *Hypericum monogynum* L.

藤黄科金丝桃属半常绿小灌木，高达2m；全株光滑无毛。叶对生，长卵圆形，全缘，有无数透明油点。花鲜黄色，雄蕊多数，基部合生为5束；花柱顶端5裂。蒴果卵形，长约1cm，萼宿存。花期6月；果期8～9月。

产于陕西、河北、河南、江苏、浙江等地；生于林缘或林下。

为庭园绿化树种；根药用，可祛风湿、止咳、下乳、调经、止血。

果枝

植株

龙脑香科 DIPTEROCARPACEAE

龙脑香 *Dipterocarpus turbinatus* Gaertn. f.

龙脑香科龙脑香属常绿大乔木，高达50m；树皮灰白色，不裂，老树下部灰褐色，浅纵裂。嫩枝、芽、托叶、叶柄密被浅黄白色平伏细绒毛。叶卵状椭圆形、宽椭圆形或披针状长圆形，先端短钝尖、渐尖或尾尖，基部圆形或宽楔形。花序腋生，花瓣白色或浅黄色，中间深红色。坚果窄椭圆形。花期4月；果期5～7月。

产于云南西部、西藏东南部。

木材为抗震、耐磨的优良工业用材，也可作为造船、桥梁、家具等用材；树干富含树脂，可提制香料和药用。

树形

叶皮

叶枝

树 形

树 皮

叶 枝

望天树 *Parashorea chinensis* Wan Hsie

龙脑香科柳安属大乔木，高达80 m，胸径约3 m；树皮灰色或灰褐色，细纵裂，树皮下部呈块状或不规则剥落。叶长椭圆形、卵形或披针状椭圆形，小脉近平行；叶柄长0.8～3 cm；托叶卵形，宿存。穗状或圆锥花序，花序柄短；花瓣黄白色，雄蕊2轮排列。幼果被毛，宿萼发育成3长2短的翅。花期5～6月；果期8～9月。

产于云南南部、广西西南部；生于林内或林缘。

中国特有，濒危物种（EN），被列为《中国物种红色名录》保护种。木材为优良的工业用材，可作为造船、建筑、桥梁、家具、箱盒、车厢、房屋装饰等用材。

叶 枝

植 株

柽柳科
TAMARICACEAE
白花柽柳

Tamarix androssowii Litw.

柽柳科柽柳属小乔木或灌木，高达5 m。绿色营养枝的叶卵形，长1～2 mm，先端尖。总状花序单生或2～3朵簇生；苞片长圆状卵形，长0.7～1 mm；花4基数；萼片0.7～1 mm；花瓣白色或淡绿白色，倒卵形，长1～1.5 mm，靠合，宿存；花盘小，肥厚，紫红色，4裂。果窄圆锥形，长4～5 mm。花期4～5月。

产于内蒙古西部、宁夏中卫、甘肃北部、新疆塔里木盆地；生于荒漠河流冲积平原沙地、流动沙丘上，混生于胡杨林中。

茎干通直，材质坚硬，可做农具柄；嫩枝叶可作为羊及骆驼饲料。

密花柽柳 *Tamarix arceuthoides* Bunge

　　柽柳科柽柳属小乔木或灌木，高达5m。小枝红紫色；营养枝的叶鲜绿色，卵形，长1～2mm；长枝上的叶长卵形。总状花序长3～6(9)cm，近无总梗，常密集成顶生圆锥花序；苞片卵状钻形或条状披针形；花5基数；萼片卵状三角形；花瓣倒卵圆形或圆锥形，开展，粉红色、紫红色或白色，早落。果长约3mm，直径约0.7mm。花期5～9月。

　　产于甘肃祁连山、内蒙古、新疆天山；生于河边沙砾质戈壁滩、沙砾质河床。

　　花期长，花色艳丽，可栽培供观赏；为西北荒漠山区沙砾质戈壁滩固沙造林树种；枝叶为牲畜优良饲料。

固沙林景观

果 枝

植 株

固沙林景观

固沙林景观

植 株

甘蒙柽柳

Tamarix austromongolica Nakai

　　柽柳科柽柳属小乔木或灌木状，高达6m；树干或老枝栗红色。小枝直伸或斜展。营养枝的叶长圆形或圆状披针形，先端外倾，灰蓝绿色。花序直伸，花梗极短；花5基数；萼片卵圆形；花瓣倒卵状长圆形，淡紫红色，先端外弯，宿存。蒴果长圆锥形，长约5mm。花期5～9月。

　　产于我国东北西部、河北、河南、山西、陕西北部、内蒙古、宁夏、甘肃、青海；生于盐渍化河漫滩及冲积平原、盐碱沙荒地。

　　为我国华北、西北盐碱地及沙荒地营造防风固沙林、水土保持林及薪炭林的重要树种；枝条坚韧，为编筐原料；树干可做农具柄。

胭脂树科 BIXACEAE

胭脂树 *Bixa orellana* L.

胭脂树科（红木科）胭脂树属常绿小乔木，高达7 m。小枝被褐色毛。叶卵形，长8～12 cm，宽5～13 cm，先端长渐尖，基部心形，背面被红棕色小点。花白色或淡红色；萼片卵圆形，外被褐黄色鳞片，基部有腺体；花瓣长椭圆状倒卵形，长约2 cm。蒴果扁球形，长2.5～4 cm，绿色或紫红色。花期10月至翌年1月；果期5月。

原产于美洲热带地区。我国台湾、福建、广东、海南及云南南部有栽培。喜温暖气候和肥沃土壤，不耐霜冻。

种子可提取红色染料，可作为食品和丝绵等纺织品染色剂，又可供药用，亦为收敛退热剂；树皮纤维坚韧，可制绳索。

果枝

果枝

树形

行道树景观

丛植景观

大风子科
FLACOURTIACEAE
泰国大风子

Hydnocarpus anthelminthica
Pierre. ex Gagnep.

　　大风子科大风子属乔木，高达 30 m；树干通直，树皮灰褐色。叶卵状披针形，长 10～30 cm，宽 3～8 cm，先端渐长尖，基部圆形，稀宽楔形，全缘，无毛；叶柄长 1.2～1.5 cm。雄花序聚伞状或总状；雌花单生或 2 朵并生，退化雄蕊 5。果球形，有瘤状突起，直径 8～12 cm。花期 9 月；果期 11 月至翌年 6 月。

　　原产于泰国、印度、越南。我国华南地区有栽培。

　　木材可作为建筑、家具、器具等用材；种子含大风子油，有毒，可治麻风病，外用治疥癣、皮炎等。

叶枝

果枝

树形

树皮

列植景观

花序枝

树形

果 枝

花序枝

番木瓜科 CARICACEAE

番木瓜 *Carica papaya* L.

　　番木瓜科番木瓜属小乔木，高达 10 m；茎干不分枝或于损伤处发新枝；具大型叶痕。叶近圆形，直径达 60 cm，掌状 5～9 深裂；每裂片再羽裂。雄花无梗，长约 2.5 cm，萼绿色，花冠 5 裂，裂片披针形，与花冠筒近等长，雄花序顶端有时具两性花或雌花，结小型果；雌花具短梗或近无梗，萼绿色，长约 9 mm，花瓣近基部合生。果长圆形或倒卵状球形，长 10～30(50) cm，熟时橙黄色；种子球形，黑色，木质种皮具皱纹，外被灰白色胶质假种皮。花期全年。

　　原产于美洲热带地区。我国广东南部、海南、广西南部、福建南部、云南南部、台湾等地有栽培。

　　成熟果可食；叶有强心作用；种子可榨油。

瑞香科 THYMELAEACEAE

了哥王

Wikstroemia indica (L.) C. A. Mey.

瑞香科荛花属灌木，高达2m。小枝无毛。叶对生，椭圆状长圆形，长1.5～5cm，宽0.8～1.5cm，先端钝尖，基部楔形；叶柄无毛。花黄绿色，顶生短总状花序；萼筒无毛或被疏毛；花盘深裂成2或4条形鳞片，顶端流苏状。果椭圆形或卵圆形，长6～8mm，熟时鲜红色至暗紫色。花期6～8月；果期9～11月。

产于浙江、江西、湖南、福建、台湾、广东、海南、广西、四川等地；生于山麓、山坡湿润地带灌丛中，较耐旱。

茎皮为蜡纸、打字纸等高级纸及人造棉的优良原料；种子含油，供制肥皂等；叶可入药，捣烂可敷治疮肿。

果枝

植株

植株

结香 *Edgeworthia chrysantha* Lindl.

瑞香科结香属落叶灌木，高1～2m。枝通常叉状，棕红色。叶长椭圆形至倒披针形，长6～15cm，先端渐尖，基部楔形，表面疏生柔毛，背面被长硬毛。花黄色，芳香；花被筒长瓶状，长约1.5cm，先叶开放。核果卵形。花期3～4月；果熟期5～6月。

产于河南、陕西及长江流域以南各地。

多栽于庭园、水边、石间，北方多盆栽供观赏；茎皮可造纸及制作人造棉；全株入药，能舒筋接骨、消肿止痛。

叶枝

花序枝

丛植景观

花 枝

造 型

植 株

叶 枝

胡颓子科 ELAEAGNACEAE

胡颓子 *Elaeagnus pungens* Thunb.

胡颓子科胡颓子属常绿直立灌木,高3～4 m。具刺,刺顶生或腋生,深褐色。幼枝微扁棱形,密被锈色鳞片,老枝鳞片脱落,黑色,具光泽。叶革质,椭圆形或阔椭圆形,稀矩圆形,两端钝形或基部圆形,边缘微反卷或皱波状,背面密被银白色和少数褐色鳞片。花白色或淡白色,单生,或2～3朵簇生;萼筒筒形或漏斗状筒形,长5～7 mm,裂片长3 mm,花柱无毛。果椭圆形,幼时具褐色鳞片,熟时红色。花期9～12月;果期翌年4～6月。

产于江苏、浙江、福建、安徽、江西、湖北、湖南、贵州、广东、广西;生于海拔1000 m以下的向阳山坡或路旁。

种子、叶和根可入药;茎皮纤维可造纸和制作人造纤维板。

造 型

植株

叶枝

金边胡颓子 *Elaeagnus pungens* 'Aureo-marginata'

胡颓子科胡颓子属常绿直立灌木,为胡颓子的栽培变种。叶边缘金黄色。其他同胡颓子。

造型

植株

千屈菜科
LYTHRACEAE
满天星(细叶萼距花)

Cuphea hyssopifolia H. B. K.

千屈菜科萼距花属低矮小灌木,高 40～60 cm。多分枝,被毛。叶小,线形至披针形,无柄,长 6～12 mm。花多数,腋生,长约 6 mm,具花梗;萼直,有肋棱,基部呈浅囊状,顶端略开张;花瓣 6,近等长,亮紫堇色至白色;雄蕊内藏。

原产于墨西哥和危地马拉。我国各地均有栽培,在北方盆栽,温室过冬。喜高温,稍耐阴,不耐寒,耐贫瘠土壤。

为观赏树种。

大花紫薇

Lagerstroemia speciosa (L.) Pers.

千屈菜科紫薇属落叶乔木，高达20 m；树冠圆球形，枝圆柱形。叶椭圆形或卵状椭圆形，长10～25 cm，宽6～12 cm，全缘，革质，两面均无毛；侧脉10～15对，在叶背稍突起，在叶缘弯拱样，网状脉细密而明显。顶生圆锥花序；花初开淡红色，后变为紫色。蒴果倒卵形；种子多数。

原产于东南亚。我国华南一带有栽培。喜温暖、湿润气候，喜光而稍耐阴，有一定的抗寒力和抗旱力。

为观赏树种；抗污染树种；木材坚硬，耐朽力强，色红光亮，可作为建筑、家具、舟车、雕刻等用材。

树 形

叶 枝

花序枝

列植景观

果 枝

树形

南紫薇

Lagerstroemia subcostata Koehne

　　千屈菜科紫薇属落叶乔木或灌木，高达 14 m；树皮薄，灰白色或茶褐色。幼枝圆柱形或约有 4 条棱线。叶膜质，对生或近对生，上部叶互生，矩圆形或矩圆状披针形，先端渐尖，基部阔楔形，全缘，无毛或微有毛，侧脉 3～10 对；叶柄长 1～4 mm。圆锥花序顶生，长 5～15 cm，具灰色微柔毛，花密生；花白色或玫瑰色，直径约 1 cm；花萼有棱，5 裂；花瓣 6，近圆形，雄蕊 15～30；子房无毛。蒴果木质，椭圆形或卵状椭圆形；种子有翅。花期 6～8 月；果期 7～10 月。

　　产于皖南各地；生于海拔 1000 m 以上的山坡林内、林缘及溪边。

　　为庭园观赏树种；可作为房屋建筑、室内装饰、雕刻、家具等用材；花药用，可凉血消瘀。

片植景观

丛植景观

树皮

花序枝

果枝

叶 枝

蓝果树科
NYSSACEAE
喜树

Camptotheca acuminata Decne.

　　蓝果树科喜树属落叶乔木，高达30 m；树冠倒卵形，树皮光滑。叶互生，纸质，椭圆状卵形或长椭圆形，长7～18 cm，先端渐尖，基部圆形或广楔形，全缘，边缘有纤毛，表面深绿色有光泽，背面疏生短柔毛；叶柄红色，有疏毛。花单性，雌雄同株，头状花序；雌花序顶生，雄花序腋生；花萼5齿裂；花瓣5，淡绿色，外面密被短柔毛。果序球状，瘦果椭圆形，有窄翅。花期8月；果期10～11月。

　　产于浙江、江苏、江西、湖北、湖南等地；生于海拔1000 m以下较潮湿处。

　　国家Ⅱ级重点保护植物。树姿高大雄伟，根深叶茂，果实形态奇特，是优良的庭园风景树和绿荫树；木材结构均匀，木质轻软，为食品包装箱、火柴杆、绘图板等用材；果实、根、枝和叶均可入药。

树 形

果 枝

树 皮

叶枝

树形

丛植景观

使君子科 COMBRETACEAE

锦叶榄仁 *Terminalia mantaly* 'Tricolor'

　　使君子科榄仁树属落叶乔木，高达 10 m，具大板根。侧枝轮生水平开展。叶丛生枝顶，厚纸质；叶片椭圆状倒卵形，新叶粉红色，成熟后叶面淡绿色，具乳白色或乳黄色斑块。大型圆锥花序顶生或腋生，总轴密被黄色绒毛；花极小，两性，红色；小苞片三角形，宿存；萼筒杯状，具花盘。瘦果，有 3 翅，翅膜质。花期 8～9 月；果期 10 月至翌年 1 月。

　　产于广西、云南和西藏；生于林内、林缘或道旁。

　　枝叶伸展，叶色美丽，是优良的行道树和园景树；木材白色、坚硬，可作为车船和建筑用材。

千果榄仁 *Terminalia myriocarpa* van Huerck et Muell. -Arg.

使君子科榄仁树属常绿乔木，高 25～35 m，具大板根。小枝圆柱状，被褐色短绒毛。叶对生，厚纸质；叶片长卵圆形，先端有 1 短而偏斜的尖头，基部钝圆，中脉两侧被黄褐色毛；叶柄较粗，顶端有 1 对具柄的腺体。大型圆锥花序顶生或腋生，总轴密被黄色绒毛；花极小，两性，红色；小苞片三角形，宿存，萼筒杯状；具花盘。瘦果，有 3 翅，翅膜质。花期 8～9 月；果期 10 月至翌年 1 月。

产于广西、云南和西藏；生于林内、林缘或道旁。

木材白色、坚硬，可作为车船和建筑用材。

树形

叶枝

花序枝

叶 枝

树 形

树 皮

桃金娘科 MYRTACEAE

窿缘桉

Eucalyptus exserta F. Muell.

桃金娘科桉属中等乔木，高 15～18 m；树皮宿存，稍坚硬。嫩枝有钝棱，纤细，常下垂。叶片狭窄披针形，有短柄；成熟叶片狭披针形，稍弯曲。伞形花序腋生。蒴果近球形，直径 6～7 mm；果瓣 4，长 1～1.5 mm。花期 5～9 月。

原产于澳大利亚东部沿海的玄武岩及砂岩地区。我国华南各地广泛栽种。

木材淡红色，坚硬耐腐，可作为建筑用材；叶含油率约 0.82%。

孤植景观

树 形

蓝桉

Eucalyptus globulus Labill.

桃金娘科桉属大乔木，高达 57 m，胸径约 1.3 m；树皮灰蓝色，片状剥落。嫩枝略有棱。幼态叶对生，叶片卵形，基部心形，无柄，有白粉；大树的叶片革质，披针形。花大，单生或 2～3 朵聚生于叶腋内；无花梗或极短；雄蕊长 8～13 mm，粗大。蒴果半球形，有 4 棱，直径 2～2.5 cm，果缘平而宽，果瓣不突出。花期 9～11 月；果期翌年 2～5 月。

原产于澳大利亚东南角的塔斯马尼亚岛。我国广西、云南、四川等地有栽培。

为蜜源植物；叶含油率约 0.92%，可提取白树油，供药用，有健胃、止神经痛等功效，可治风湿、扭伤；也可作为杀虫剂及消毒剂，有杀菌作用；木材抗腐力强，尤适于作为船舶及码头用材。

丛植景观

行道树景观

树 皮

树 形

树 皮

直杆蓝桉

Eucalyptus maideni F. Muell.

桃金娘科桉属大乔木，高达40m。树干通直，树皮光滑。嫩枝圆形有棱。叶片卵形至圆形，基部心形，无柄或抱茎，成熟叶片披针形，革质，稍弯曲。伞形花序有花3～7朵，花序柄长1～1.5cm；萼管倒圆锥形有棱。蒴果钟形或倒卵锥形，果缘较宽，果瓣3～5，先端突出。花期7～9月；果翌年1～3月成熟。

原产于澳大利亚的新南威尔士和维多利亚。我国云南、浙江、广东、广西和四川等地有栽培。垂直分布于海拔1000～1900m地带，以海拔1500m以上地带生长最好。

木材黄褐色，纹理直，结构甚细，耐腐，可作为矿柱、砧木、船舶、桥梁及造纸等用材；叶可蒸提桉油；为良好的蜜源植物。

果 枝

行道树景观

蒲桃

Syzygium jambos （L.）Alston

桃金娘科蒲桃属常绿乔木，高达10 m；树冠球形。单叶对生，叶革质，长椭圆状披针形，先端渐尖，叶基楔形，叶背侧脉明显，在叶缘处连合。伞房花序顶生，花缘白色，萼倒圆锥形；雄蕊多数，比花瓣长。果球形或卵形。花期夏季。

原产于马来群岛及中南半岛。我国海南、广东、广西、福建、台湾、云南等地有栽培。

树冠丰满浓郁，花、叶、果均可观赏，可作为庭荫树和固堤、防风树种；果肉味甜香，可食用或加工成蜜饯。

树形

花序枝

树 形

乌墨

Syzygium cumini (L.) Skeels

桃金娘科蒲桃属乔木，高3～8m。单叶对生，革质，椭圆形至倒卵状椭圆形，顶端钝或骤狭成渐尖，叶基宽楔形或钝，侧脉在叶缘处汇合成1边缘脉。聚伞花序排成圆锥状，侧生或顶生；花白色，萼筒陀螺形；雄蕊多数，离生。果斜矩圆形，紫红色至黑色。花期夏季。

产于广东、广西、福建、云南等地；生于低海拔疏林中。

树冠丰满浓郁，花、叶、果均可观赏，可作为庭荫树和固堤、防风树种；果可食。

果 枝

树 皮

片植景见

白千层

Melaleuca leucadendron L.

桃金娘科白千层属乔木，高达 18 m；树皮灰白色，厚而松软，呈薄层状剥落。幼枝灰白色。叶互生，叶片革质，披针形或狭长圆形。花白色，密集于枝顶成穗状花序，花序轴常有短毛；萼齿圆形；花瓣 5，卵形，长 2～3 mm，宽约 3 mm；雄蕊长约 1 cm，常 5～8 枚成束；花柱线形，比雄蕊略长。蒴果近球形，直径 5～7 mm。花期 4～6 月和 10～12 月。

原产于澳大利亚。我国广东、台湾、福建、广西等地均有栽种。

常植于道旁作为行道树；树皮易引起火灾，不适于造林；树皮及叶可入药，有镇静的功效；枝叶含芳香油，可入药及制作防腐剂。

果

树 形

花序枝

桃金娘 丛植景观

花枝

花序枝

散植景观

红千层 *Callistemon rigidus* R. Brown

桃金娘科红千层属小乔木；树皮坚硬，灰褐色。嫩枝有棱，初时有长丝毛，不久变无毛。叶片坚革质，线形，长5～9cm，宽3～6mm，先端尖锐，初时有丝毛，不久脱落。穗状花序生于枝顶；萼管略被毛，萼齿半圆形，近膜质；花瓣绿色，卵形，长约6mm，宽约4.5mm，有油腺点；雄蕊长约2.5cm，鲜红色，花药暗紫红色，椭圆形；花柱比雄蕊稍长，先端绿色，其余红色。蒴果半球形，长约5mm，宽约7mm，先端平截，萼管口圆；种子条状，长约1mm。花期6～8月。

原产于澳大利亚。我国广东、广西有栽培。

花艳丽，供观赏。

树皮

果枝

树形

花序枝

列植景观

丛植景观

植株

五加科 ARALIACEAE

八角金盘

Fatsia japonica (Thunb.) Decne. et Planch.

五加科八角金盘属常绿灌木，高 3～5 m；常数干丛生，从根际长出。单叶，近圆形，掌状 7～9 裂，革质，基部心形或截形，裂片卵状长椭圆形，叶缘有锯齿，表面有光泽，叶背面被黄色短毛。伞形花序聚成大型圆锥花序，顶生；花小，白色。果近球形，黑色，肉质。花期 10～11 月。

原产于中国台湾、日本。我国长江以南各地栽培较广泛。

为南方庭园、街道及工厂绿地种植树种，北方盆栽供室内绿化、观赏；对有害气体有较强抗性。

植 株

植 株

叶 枝

花叶常春藤

Hedera helix 'Variegata'

　　五加科常春藤属多年生常绿观叶藤本。木质茎，长3～5m，多分枝，茎上有气生根。细嫩枝条被柔毛，呈锈色鳞片状。叶互生，革质，广三角状卵形，长5～8cm，宽2～3cm，边缘生不规则黄白色斑纹。伞形花序再聚成圆锥花序。

　　原产于英国。我国华南地区有栽培。

　　为室内外垂直绿化的理想材料，南方庭园有栽培，北方温室可盆栽。

盆 栽

花序枝

果枝

果枝

树皮

鹅掌柴

Schefflera octophylla (Lour.) Harms

五加科鹅掌柴属落叶乔木或灌木，高2～15m。掌状复叶；小叶6～9，革质或纸质，对生，椭圆形、长椭圆形或卵状椭圆形，长9～17cm，幼时密生星状短柔毛，后毛渐脱落，侧脉7～10对，网脉不明显。伞形花序聚成大型圆锥花序，顶生；花白色，芳香；花萼疏生星状短柔毛至无毛，边缘有5～6个细齿；花瓣5，无毛；雄蕊5，子房下位，花柱合生成粗短柱状。果球形。花期11～12月。

产于我国华南各地和台湾；生于常绿阔叶林中或向阳山坡。

四季常青，叶片光亮，适于盆栽供观赏；花为冬季蜜源；树皮、嫩枝含挥发油；根皮、茎皮、叶可入药，有舒筋活络、消肿止痛及发汗解表的功效。

树形

花叶鹅掌柴

Schefflera octophylla 'Variegata'

　　五加科鹅掌柴属常绿灌木，高2～3m。掌状复叶，小叶6～9，叶片长椭圆形或倒卵状椭圆形，先端尖，基部楔形，全缘，叶面绿色，具不规则黄白色斑纹。伞形花序呈大圆锥状着生，花黄白色，芳香。浆果，球形。

　　产于台湾及华南；生于海拔 100～300 m 的常绿阔叶林中。

　　可栽培供观赏。

植　株

花序枝

盆　栽

绿篱景观

叶　枝

植株

果枝

花序枝

白簕

Acanthopanax trifoliatus
(L.) Merr.

五加科五加属攀缘状灌木，高1～7 m。枝疏生扁平的先端钩状的下向刺。掌状复叶，小叶3，中央一片最大，椭圆状卵形至长椭圆形，长4～10 cm，先端尖或短渐尖，基部楔形，边缘有细锯齿或钝锯齿，无毛或表面脉上疏生刚毛。伞形花序3～10或更多聚成顶生圆锥花序；花黄绿色，花萼边缘有5齿，花瓣5，雄蕊5，子房下位，花柱2，宿存。浆果扁球形，成熟时黑色，直径约5 mm。

产于我国华南、西南、华中地区；生于林缘、灌丛或山坡上。

根、茎、叶均可入药，有舒筋活血、消肿解毒的功效。

果 枝

树 形

花序枝

楤木 *Aralia chinensis* L.

五加科楤木属小乔木，常呈灌木状，高2～5m。树皮灰色，疏生粗直刺。小枝密被黄棕色绒毛，疏生细刺。二至三回羽状复叶；小叶5～11，基部另有小叶1对；小叶卵形、宽卵形或长卵形，长5～12cm，先端渐尖，基部圆形，边缘有锯齿，表面疏生粗毛，背面被黄色或灰色柔毛。伞形花序聚生成顶生大型圆锥花序，长30～60cm；花序轴密生黄棕色或灰色短柔毛；花白色，芳香；花萼边缘有5齿，花瓣5，雄蕊5，子房下位，花柱5。浆果球形，具5棱，黑色。花期7～8月；果期9～10月。

产于我国华北、华中、华东、华南和西南地区；生于沟内或路边。

根皮入药，有活血化瘀、祛风行气、健胃、利尿等功效；种子可榨油。

树 皮

果 枝

天然林景观

山茱萸科
CORNACEAE

沙梾

Cornus bretschneideri L. Henry

山茱萸科梾木属落叶灌木，高达6 m。小枝圆柱形，黄绿色或带红色，老枝淡黄色，无毛。叶对生，卵形或椭圆状卵形，长4～10 cm，先端渐尖，基部宽楔形或近圆形，全缘，弓形弯曲；叶表面被短柔毛，背面被白色丁字毛。伞房状聚伞花序顶生，总花梗长2～4.4 cm；花小，乳白色，直径5.5～7 mm；萼齿三角形，与花盘等长或稍长；花瓣4，卵状披针形，长3～4 mm；花药黄白色。核果球形，蓝黑色，密被贴生短柔毛。花期6～7月；果期8～9月。

产于我国华北各地及宁夏、陕西、湖北、四川西北部；生于海拔1100～2300 m的山坡杂木林中。

花色美丽，可作为庭园绿化树种；果实含油率达22.4%，可制肥皂、润滑油等。

花序枝

植 株

植株

花序枝

紫金牛科 MYRSINACEAE

桐花树（蜡烛果）

Aegiceras corniculatum (L.) Blanco

紫金牛科桐花树属灌木或小乔木，高1～4m。叶革质，倒卵形，基部楔形，顶端圆形，微凹。花序顶生或腋生；花瓣下部合生，花冠裂片卵状披针形，常与花冠筒几相等，反折。果圆柱形而弯，顶端稍尖。

产于广东；生于河边或海边泥滩上。

为红树林的优势种，有防风、防浪的作用；树皮可提制栲胶。

植株

朱砂根 *Ardisia crenata* Sims

紫金牛科紫金牛属灌木，高1～2m，稀达3m。茎粗壮，无毛，无分枝。叶片革质或坚纸质，椭圆形、椭圆状披针形至倒披针形，先端急尖或渐尖，基部楔形，边缘具皱波状或波状齿，具明显的边缘腺点，两面无毛。伞形花序或聚伞花序，着生于侧生特殊花枝顶端；花萼仅基部连合，萼片长圆状卵形；花瓣白色，卵形；雄蕊较花瓣短，花药三角状披针形；雌蕊与花瓣近等长或略长，子房卵珠形，无毛，具腺点；胚珠5。果球形，直径6～8mm，鲜红色，具腺点。花期5～6月；果期10～12月。

产于西藏东南部、台湾、湖北及海南等地；生于海拔900～2400m的疏、密林下阴湿的灌木丛中。

为观赏植物和民间常用的中草药之一。

果枝

紫金牛 *Ardisia japonica* (Thunb.) Bl.

　　紫金牛科紫金牛属小灌木或亚灌木；近蔓生，直立茎不分枝。叶对生或近轮生，叶片坚纸质或近革质，椭圆形至椭圆状倒卵形，边缘具细锯齿，多少具腺点，叶柄被微柔毛。亚伞形花序，腋生或生于近茎顶端的叶腋；花瓣粉红色或白色；雄蕊较花瓣略短；雌蕊与花瓣等长；子房卵珠形，无毛。果球形，鲜红色转黑色，多少具腺点。花期5～6月；果期11～12月。

　　产于陕西及长江流域以南各地；生于海拔1200 m以下的山间林下或竹林下。

　　为常见花卉；全株及根可入药，治肺结核、咯血、咳嗽、慢性气管炎，亦治跌打风湿、黄疸型肝炎、睾丸炎、尿路感染等，为我国民间常用的中草药。

植株

丛植景观

果枝

虎舌红 *Ardisia mamillata* Hance

　　紫金牛科紫金牛属矮小灌木，具匍匐的木质根茎，直立茎高不超过15 cm，幼时密被锈色卷曲长柔毛，以后无毛或几无毛。叶互生或簇生于茎顶端，倒卵形至长圆状披针形，先端尖或钝，基部楔形或窄圆形，具不明显疏圆齿及腺点，两面绿色或暗紫红色，被锈色或紫红色平伏糙毛，毛基部瘤状隆起，具腺点，侧脉6～8对。亚伞形花序，被毛；花瓣粉红色。果球形，直径约6 mm，鲜红色，稍被腺点。花期6～7月；果期11月至翌年1月。

　　产于湖南、广西、广东、海南、福建、四川、贵州、云南；生于海拔500～1600 m的山谷密林下。

　　全株可入药，治风湿、外伤出血、月经不调、肺结核咯血、肝炎、胆囊炎等。

果枝

植株

杜鹃花科 ERICACEAE

杜鹃花 *Rhododendron simsii* Planch.

杜鹃花科杜鹃花属落叶或半常绿灌木，高达3m。分枝细而多。叶卵形、椭圆状卵形或倒卵形，先端尖，基部楔形，两面有糙伏毛。花簇生于枝顶；花冠鲜红色或深红色，宽漏斗状；上方裂片内具有深红色斑点；雄蕊通常为10，花丝中部以下有毛，花药紫色。蒴果卵球形。花期5月；果期7～8月。

产于长江流域以南各地；生于山坡林缘、道旁及林下。

中国特有，被列为《中国物种红色名录》保护种。为观赏植物；根能祛风湿、活血去瘀、止血，叶、花可治支气管炎、荨麻疹。

植株

花枝

天然林景观

花 枝

群植景观

花 枝

植 株

花 枝

花序枝

丛植景观

白花丹科（蓝雪科）
PLUMBAGINACEAE
紫花丹

Plumbago indica L.

　　白花丹科（蓝雪科）蓝雪属常绿多年生直立或攀缘植物，高达1.5 m。叶片纸质，长卵形或长椭圆形，长5～8 cm，基部楔形，叶柄长3～4 mm。总状花序或总状圆锥花序，花冠红色，花筒长2.1～2.2 cm，裂片卵圆形，开展；花柱细长，线形。蒴果膜质，盖裂。花期11月至翌年4月。

　　产于广东、海南、广西东南部、云南南部及东南部。生于海拔200～1980 m地带。

　　可栽培供观赏，在华南地区用作花篱，也可在草地或庭园丛植，在北方可温室盆栽；全株可入药，具舒筋活血、明目、祛风、消肿等功效。

植　株

山榄科 SAPOTACEAE

星苹果 *Chrysophyllum cainito* L.

　　山榄树科金叶树属常绿乔木，高达20 m。嫩叶、花柄、小苞片及萼裂片均被锈色绢毛。叶长圆形、卵形或倒卵形，长5.5～11 cm，先端渐钝尖，基部宽楔形，侧脉近平行。花冠黄白色，裂片卵圆形，外被灰色绢毛。果倒卵状球形；种脐倒披针形。花期8月；果期10月。

　　原产于加勒比海地区。我国广东南部、海南、云南西双版纳、广西凭祥及夏石有栽培。

　　为热带果树；木材稍轻软，可作为家具等用材。

果枝

树皮

树形

树形

果枝

蛋黄果

Pouteria campechiana
(HBK.) Baehni

　　山榄科桃榄属常绿乔木，高达6m。幼枝被褐色绒毛。叶窄椭圆形，长10～20cm，先端渐尖，基部宽楔形，侧脉13～16对。花腋生，花梗长1.2～1.7cm，被褐色绢毛；花冠外面被黄白色绢毛。果倒卵形，未熟时果绿色，成熟时果黄绿色至橙黄色，光滑，皮薄，果肉橙黄色；种脐与种子等长。花期4～5月；果期9～10月。

　　原产于南美洲北部。我国云南、广西及海南有栽培。

　　为热带果树，果实富含淀粉，质地似蛋黄且有香气，除生食外，可制果酱、冰奶油、饮料或果酒。

丛植景观

花枝

人心果

Manilkara zapota (L.) van Royen

山榄科铁线子属常绿乔木，高达 20 m；树冠圆形或塔形。枝褐色，有明显的圆形疤痕。单叶互生，一般 10 余枚簇生于枝的顶端，叶薄，革质，长圆形至卵状椭圆形，亮绿色。花常单生于叶腋，花冠白色。浆果椭圆形、卵形或球形，褐色。花期 6～8 月；果期 9 月至翌年 1 月。

原产于美洲热带地区。我国华南等地有栽培。喜高温和光照充足环境。

冠形整齐优美，花朵洁白芳香，果实味甜可口，既是南方温暖地区优良的观赏树种，又是著名的热带果树；树干流出的乳汁是制作口香糖的原料；树皮可入药。

果枝

树形

列植景观

果枝

果枝

柿树科 EBENACEAE

乌柿

Diospyros cathayensis Steward

柿树科柿属半常绿小乔木，高达10 m。多刺，枝近黑色。叶长圆状披针形，长4～9 cm，先端钝，基部楔形，背面初被柔毛，侧脉5～8对；叶柄长2～4 mm，被微柔毛。花冠壶状，被柔毛，白色。果球形，黄色。花期4～5月；果期8～10月。

产于安徽、湖南、湖北、四川西部、贵州、云南东北部；生于海拔600～1500 m的河谷、山谷林中。

既可制作盆景，也可用于庭园观赏。

树形

果枝

树 形

叶 枝

散植景观

木樨科 OLEACEAE

美国白蜡树

Fraxinus americana L.

　　木樨科白蜡树属落叶大乔木，高达 40 m。芽卵形，幼时褐绿色，老时灰色，无毛。叶轴无毛，小叶 7（5～9），卵形、倒披针形或宽椭圆形，长 5～15 cm，宽 2～6 cm，具钝齿或近全缘，表面无毛，背面灰绿色，具乳突，无毛或沿脉疏被毛；侧生小叶柄长 0.5～1.5 cm。圆锥花序无毛，侧生于上一年生枝上；花单性异株；花萼钟状，雄花花萼 4 浅裂，雌花花萼深裂。翅果披针形或倒披针形，长 2～5 cm。花期 4～5 月；果期 9～10 月。

　　原产于北美洲。我国北京、河北、内蒙古、山东、河南等地有栽培。

　　为行道树和观赏树种；木材可作为家具、建筑等用材。

丛植景观

果 枝

树皮

树形

尖果白蜡 *Fraxinus oxycarpa* Willd.

木樨科白蜡树属落叶乔木。小叶 7～9，稀有 5 或 11，披针形至狭矩圆形，长 4～7 cm，宽 1～2 cm，先端渐尖，基部楔形或宽楔形，具锐锯齿（齿尖稍向外），两面浅绿色，无毛，仅背面沿中脉具有短柔毛。圆锥花序。翅果倒卵状披针形至披针形，长 2.5～4 cm，宽约 0.7 cm，先端锐尖或稍钝，基部狭窄，果体扁。花期 4 月下旬；果期 10 月。

原产于南欧、伊朗和土耳其。我国华南地区有栽培。耐寒，耐旱，易成活。

为园林绿化树种。

果枝

大叶白蜡树 *Fraxinus rhynchophylla* Hance

木樨科白蜡树属乔木，高达 16 m，胸径约 1 m。小枝无毛。小叶 5(3～7)，宽卵形、倒卵形或长圆形，长 5～15 cm，先端尾尖，基部宽楔形或近圆形，具粗钝锯齿，表面无毛。圆锥花序顶生或腋生；花杂性，两性花与雄花异株；花萼钟形，长 1～2 mm；无花瓣或稀有不整齐花瓣。翅果条形。花期 5 月；果期 9～10 月。

产于我国东北及山东、河北、陕西、甘肃、云南、四川、湖北、河南、安徽、江苏、浙江、福建；生于林缘或沟旁。

为水土保持及绿化树种；木材可作为建筑、车辆、家具等用材；枝条供编织；树皮可入药。

果枝

树形

植株

花序枝

丛植景观

植株

晚花紫丁香 *Syringa oblata* 'Wan Hua Zi'

　　木樨科丁香属灌木或小乔木，高达5m；树皮暗灰色或灰褐色，有沟裂。小枝粗壮，灰褐色或紫褐色。单叶叶片厚纸质，卵圆形或宽卵形至肾形，宽常大于长，先端突渐尖，基部圆形、心形或截形，全缘，两面无毛。圆锥花序由枝顶侧芽生出，大而疏松，长6～15cm；萼钟形，4齿，微具腺点；花冠紫色，花冠裂片开展，卵圆形。先端钝，短于花冠筒；花药位于花冠筒中上部。蒴果椭圆形，稍扁，先端渐尖，表面光滑；种子棕褐色，长条形。花期4～5月；果期8～9月。

　　产于我国华北各地；生于海拔1500m以下的山地阳坡、石缝及山谷。

　　为优良的庭园绿化树种；木材坚韧，可做工具柄；种子可入药；花可以提炼芳香油；嫩叶可代茶。

花序枝

丛植景观

北京丁香

Syringa pekinensis Rupr.

　　木樨科丁香属灌木或小乔木，高达5 m；树皮褐色至灰褐色，纵裂。小枝细，红褐色，皮孔显著；萌枝被柔毛。叶纸质，卵形、宽卵形、近圆形、椭圆状卵形或卵状披针形，基部圆形、平截或近心形，稀楔形，表面无毛，侧脉平，背面灰绿色，无毛，稀被柔毛；叶柄细，无毛。顶生圆锥花序由1～2对至多对小花序组成；花冠白色，辐状，冠筒与花萼近等长或稍长；花药黄色。花期5～6月；果期9～10月。

　　产于北京、辽宁、内蒙古、陕西、甘肃、宁夏、河北、山西、河南、四川北部；生于海拔600～2400 m的山坡灌丛、疏林下、沟边、阳坡、山沟。喜光，稍耐阴，耐寒，耐旱，在湿润土壤上生长旺盛。

　　为庭园观赏树种。

树皮

叶枝

树形

果枝

花序枝

孤植景观

树形

桂花

Osmanthus fragrans (Thunb.) Lour.

木樨科木樨属乔木或灌木状，高达18 m。小枝无毛。叶椭圆形或椭圆状披针形，先端渐尖，基部楔形，全缘或上部具细齿，两面无毛，有腺点，表面中脉凹下，侧脉6～8（9）对，在上面凹下，网脉不明显。花序2～3枝腋生，每枝有9朵花；苞片宽卵形，长2～4 mm，具小尖头，无毛；花极香；花梗细，无毛；花萼萼齿不缺刻；花冠黄白色、淡黄色、橙黄色或橘黄色；雄蕊着生于冠筒中部，药隔具不明显小尖头。核果椭圆形，长1～1.5 cm，大型果长1.8～2.4 cm，紫黑色。花期9～10月；果期翌年3月。

产于我国西南地区，淮河流域以南各地广泛栽培。

珍贵观赏树种；花可熏茶、食用及提取芳香油。

毛茉莉 *Jasminum multiflorum* (Burm. f.) Andr.

木樨科素馨属攀缘灌木，高达 6 m。小枝圆，密被黄褐色绒毛，后渐脱落。单叶对生或近对生，纸质，卵形或心形，叶长 3～8.5 cm，宽 1.5～5 cm，基部心形或平截，背面被毛，侧脉 3～6 对；叶柄长 0.5～1 cm，近基部有关节，被绒毛。头状聚伞花序密被黄褐色绒毛；花芳香；花梗短或缺；花萼被绒毛，裂片 6～9，锥形，长 2～6 mm；花冠白色，花冠筒长 1～1.7 cm，直径 2～3 mm；裂片 8，椭圆形，长 1～1.4 cm。浆果椭圆形，熟时褐色。花期 10 月至翌年 4 月。

原产于东南亚及印度。我国各地广泛栽培。

为庭园观赏树种。

花

植株

茉莉花 *Jasminum sambac* (L.) Ait.

木樨科素馨属直立或攀缘灌木。小枝疏被柔毛。单叶对生，纸质，圆形、椭圆形、卵状椭圆形或倒卵形，长 4～12.5 cm，宽 2～7.5 cm，先端圆或钝，基部有时微心形，侧脉 4～6 对，在表面凹下，细脉两面明显，背面仅脉腋具簇毛，余无毛；叶柄长 2～6 mm，被柔毛，具关节。聚伞花序有 3～5 朵花，有时单花，花浓香；花序梗被柔毛；苞片锥形；花萼裂片线形；花冠白色，裂片长圆形或近圆形。浆果球形，直径约 1 cm，熟时紫黑色。花期 5～8 月；果期 7～9 月。

原产于印度。我国南方各地广泛栽培。

花浓香，用于制花茶，也是珍贵的香精原料；花、叶药用。

植株

花序枝

花序枝

绿篱景观

植株

花序枝

花序枝

果枝

金叶女贞

Ligustrum×vicaryi Rehd.

　　木樨科女贞属落叶或半常绿灌木。叶对生，平展，椭圆形或卵圆形，全缘，金黄色。圆锥花序顶生，花白色，芳香。核果紫黑色。花期6～8月。

　　原产于德国。我国各地均有栽培。

　　为庭院绿化、观赏树种；宜作为绿篱、花篱。

植 林

果 枝

叶 枝

马钱科 LOGANIACEAE

互叶醉鱼草

Buddleja alternifolia Maxim.

　　马钱科醉鱼草属灌木，高达3m。小枝细弱，开展至下垂。叶互生，披针形，长5～8cm，基部楔形，全缘，背面密被灰色绒毛。簇生状圆锥花序，生于上一年生枝上；花冠蓝紫色，花冠筒长约7mm；子房无毛。蒴果矩圆形，光滑；种子多数，有短翅。花期5～6月。

　　产于内蒙古、山西、陕西、宁夏、甘肃等地，北京、保定有栽培。

　　可栽培供观赏。

树形

马钱子

Strychnos nux-vomica L.

马钱科马钱属乔木，高达 25 m。幼枝被微毛，老枝无毛。叶纸质，近圆形、宽椭圆形或卵圆形，长 5～18 cm，先端尖或渐尖，基部楔形或圆形，表面无毛，背面具颗粒状突起，基脉 3～5。圆锥状花序腋生；花 5 数；萼片卵圆形，外面密被柔毛；花冠白绿色，后白色，长约 1.3 cm，花冠筒内面被长柔毛，花冠裂片卵状披针形，较冠筒短；雄蕊生于冠筒喉部，花药伸出。浆果球形，直径 2.5～4 cm；种子 1～4，扁盘状。

原产于斯里兰卡。我国华南地区有栽培。喜热带湿热气候，不耐霜冻。

种子、根、树皮及叶片有剧毒；所含生物碱具通经络、消肿、止痛的功效；木材白色或灰白色，坚硬致密，可作为车辆、农具用材。

片植景观

果枝

花序枝

植株

夹竹桃科
APOCYNACEAE

软枝黄蝉

Allemanda cathartica L.

　　夹竹桃科黄蝉属藤状灌木。枝条弯垂。叶纸质，常3～4枚轮生，有时对生或在枝条上部互生，倒卵状披针形或倒卵形，长6～12 cm，无毛或背面脉上被疏微毛，侧脉6～12对；叶柄长2～8 mm。聚伞花序顶生；萼片披针形，长1～1.5 cm；花冠橙黄色，长7～11 cm，直径9～11 cm，内面具红褐色脉纹；花冠筒圆柱形，长3～4 cm，直径2～4 mm，冠筒喉部具白色斑点，冠檐直径5～7 cm，花冠裂片卵圆形或长圆形，长约2 cm。蒴果球形，直径约3 cm，刺长约1 cm。花期春夏；果期冬季。

　　原产于巴西。我国福建、台湾、广东、海南、广西等地有栽培。

　　可栽培供观赏；乳液、树皮、种子均有毒。

花篱景观

垂直绿化景观

黄蝉 *Allemanda schottii* Pohl

　　夹竹桃科黄蝉属直立灌木，高达 2 m。叶 3～5 片轮生，椭圆形或倒卵状长圆形，背面中脉和侧脉被柔毛，侧脉 7～12（15）对；叶柄极短。聚伞花序顶生；总花梗和花梗被微毛；花橙黄色，长 4～6 cm，张口直径约 4 cm；萼片披针形，内面基部有小腺体；花冠漏斗状，内面具红褐色条纹，花冠下部圆筒状，长不及 2 cm，直径 2～4 mm，基部膨大，冠檐长约 3 cm，直径约 1.5 cm，花冠裂片卵圆形或圆形，长 1.6～2 cm；花丝基部被柔毛。蒴果球形，直径约 3 cm，具长刺；种子有薄膜质边缘。花期 5～8 月；果期 10～12 月。

　　原产于巴西。我国福建、台湾、广东、海南、广西等地有栽培。

　　花大黄色、艳丽，供观赏；植株乳汁有毒。

植株

花篱景观

花序枝

果枝

亭顶绿化景观

黄花夹竹桃

Thevetia peruviana (Pers.)
K. Schum.

　　夹竹桃科黄花夹竹桃属小乔木，高达5 m；树皮棕褐色，皮孔明显，全株无毛。小枝下垂。叶近革质，条形或条状披针形，长10～15 cm，宽0.5～1.2 cm，边缘稍反卷，侧脉不明显。聚伞花序，长5～9 cm；花黄色，有香气；花梗长2～4 cm；花萼绿色，5裂，裂片三角形，长5～9 mm；花冠裂片较花冠筒长；花丝丝状。核果扁三角状球形，直径2.5～4 cm，内果皮木质，鲜时亮绿色，干后黑色。花期5～12月；果期8月至翌年春季。

　　原产于美洲热带地区。我国台湾、福建、广东、海南、广西、云南等地有栽培。

　　枝叶秀丽，花色鲜黄，花期长，供观赏；种仁含黄夹苷，有剧毒，可入药。

果枝

花、果枝

树形

丛植景观

花序枝

丛植景观

孤植景观

树 形

鸡蛋花 *Plumeria rubra* 'Acutifolia'

夹竹桃科鸡蛋花属落叶小乔木，高达8 m，胸径约20 cm。叶长圆状披针形或长椭圆形，长20～40 cm，宽7～11 cm。花冠外面白色，内面黄色，裂片宽倒卵形。菁葖果双生，圆筒形，长约11 cm，直径约1.5 cm。花期5～10月。

原产于墨西哥。我国福建、广东、海南、广西、云南等地有栽培。

花白色黄心，芳香，叶大，深绿色，树形美观，常栽培供观赏；花晒干后可代茶。

行道树景观

糖胶树 *Alstonia scholaris* (L.) R. Br.

夹竹桃科鸡骨常山属乔木，高达20 m，胸径约60 cm；树皮灰白色。枝无毛。叶3～8枚轮生，倒卵状长圆形，长7～28 cm，侧脉5～25对；叶柄长1～2.5 cm。花白色；花序被柔毛；花冠筒内面被柔毛，裂片长圆形或卵状长圆形，长2～4 mm；雄蕊生于花冠筒近喉部；子房密被柔毛；花盘环状。蓇葖果双生，细长，长20～57 cm，直径2～5 mm；种子两端被红棕色长缘毛，缘毛长1.5～2 cm。花期6～11月；果期10月至翌年4月。

产于广西西南部、云南南部及东南部；生于海拔650 m以下的山地疏林中；为次生阔叶林主要树种。

为行道树或公园绿化树种；木材浅黄褐色，纹理直，结构细匀，轻柔，易干燥，可作为胶合板芯板、绝缘材料；根、树皮、叶均可入药；乳汁可提炼口香糖，故称"糖胶树"。

果枝

树形

树形

夹竹桃 *Nerium indicum* Mill.

夹竹桃科夹竹桃属常绿灌木或小乔木，高达5 m。幼枝被柔毛，后脱落。叶3～4枚轮生，稀对生，革质，窄披针形，叶缘反曲，背面幼时被疏微毛，后脱落，侧脉达120对，纤细；叶柄幼时被微毛，后脱落。聚伞花序排成伞房状，花有香味；萼片披针形，红色，内面基部有腺体；花冠深红色或粉红色，栽培品种有白色和黄色。果长圆形，长10～23 cm，直径0.1～1 cm，绿色，无毛；种子长圆形，褐色，种皮被锈色柔毛，顶端具黄褐色丝毛，毛长约1 cm。花期几全年，夏秋最盛；果期冬春季。

原产于伊朗、印度、尼泊尔。我国各地均有栽培，长江以北在温室越冬。

花艳丽，花期长，供观赏；茎皮纤维为优良混纺原料；叶、茎皮、根、花、种子毒性强。

花篱景观

果枝

花序枝

马鞭草科 VERBENACEAE

马缨丹 *Lantana camara* L.

马鞭草科马缨丹属直立或半藤状灌木，高1～2m。茎枝均四方形，有短柔毛，常有钩状皮刺。单叶对生，卵形至卵状长圆形，长3～9cm，有钝齿，两面有粗毛，揉烂后有强烈气味。头状花序腋生；花冠黄色、橙黄色、粉红色至深红色，花冠筒细长，顶端4～5裂，雄蕊4，着生于花冠筒中部，内藏；子房2室，花柱短，柱头歪斜近头状。核果圆球形，熟时紫黑色。全年开花。

原产于美洲热带地区。我国南方各地多栽培，常野化。

为庭园观赏树种；根、叶、花药用，可清热、解毒、止痛、止痒，茎、叶煎水洗可治皮炎。

盆 栽

花序枝

花序枝

植 株

冬红花序枝

冬红植株

冬红

Holmskioldia sanguinea Retz.

马鞭草科冬红属灌木，高3～7m。小枝四棱形，被毛。叶对生，卵形或宽卵形，具锯齿，两面疏被毛和腺点，沿叶脉毛较密；叶柄长1～2cm，被毛及腺点。花序为圆锥花序，花序梗及花梗被腺毛及长毛；花萼膜质，红色或橙黄色，倒圆锥状碟形，直径达2cm，网脉明显；花冠朱红色，筒部长2～2.5cm，5浅裂，被腺点；雄蕊4，着生于冠筒基部，与花柱均伸出花冠，柱头2浅裂。核果倒卵圆形，4深裂，为宿萼包被。花期冬末春初；果期秋冬季。

原产于喜马拉雅山脉及马来西亚。我国台湾、广东及广西有栽培。喜光，喜温暖多湿的气候，不耐寒，喜肥沃及保水能力好的沙质土壤。

花色浓艳，花冠扩展形似帽檐，故又名"帽子花"；为庭园常见木本花卉。

赪桐植株

赪桐花序枝

赪桐

Clerodendrum japonicum (Thunb.) Sweet

马鞭草科大青属灌木，高达2m。小枝具四棱，幼枝有毛。叶圆心形，长8～35cm，先端尖或渐尖，基部心形，边缘具细锯齿，背面密具锈黄色腺体；叶柄长0.5～15（27）cm，密被柔毛。聚伞花序组成大型开展的圆锥花序；花萼大，钟形，红色，外被疏短柔毛兼腺体；花冠红色，冠管长1.7～2.2cm，雄蕊和花柱伸出。核果近球形，蓝黑色，宿萼初包果，后向外反折成星状。花、果期5～11月。

产于长江以南各地。喜光，喜温暖多湿的气候，耐半阴，耐湿又耐旱，不甚耐寒。生命力强，栽培不择土。

花色鲜艳，开花持久不衰，为庭园观赏植物；全株入药，治跌打损伤、血瘀，可催生；花可治外伤出血。

假连翘 *Duranta repens* L.

马鞭草科假连翘属灌木,高达3m。枝常拱形下垂,具皮刺,幼枝具柔毛。叶对生,少轮生,卵形或卵状椭圆形,长2～6.5 cm,全缘或中部以上有锯齿。总状花序顶生或腋生,花冠蓝色或淡蓝紫色,顶端5裂;雄蕊4,内藏,2长2短;子房8室,花柱短,柱头为稍偏斜的头状。核果球形,无毛,有光泽,熟时红黄色,由增大的花萼包围。花、果期5～10月,南方全年开花。

原产于美洲热带地区。我国南方地区多栽培,常野化。

本种花期长,花色艳丽,植株多刺,为优良的绿篱植物;果可治疟疾和跌打损伤、胸痛,叶治肿痛初起和脚底挫伤、瘀血或脓肿。

植 株

果 枝

花序枝

植篱景观

造 型

造 型

丛植景观

丛植景观

造 型

花叶假连翘

Duranta repens
'Variegata'

    马鞭草科假连翘属常绿灌木。叶对生，近三角形，叶缘具有黄白色条纹，中部以上有粗齿。

    其他同假连翘。

叶 枝

造型

绿篱景观

植株

叶枝

金叶假连翘

Duranta repens 'Golden Leaves'

马鞭草科假连翘属常绿灌木，高0.2～0.6m。枝下垂或平展。叶对生，叶长卵圆形，金黄色至黄绿色，长2～6.5m，中部以上有粗齿。花蓝色或淡蓝紫色，总状花序呈圆锥状；花萼顶端有5齿，宿存，结果时增大；花冠顶端5裂；雄蕊4，内藏，2长2短；子房8室，花柱短，柱头为稍偏斜的头状。核果橙黄色，有光泽。花期5～10月。

原产于墨西哥至巴西。我国长江以南有栽培。

在南方可修剪成形，丛植于草坪或与其他树种搭配，也可作为绿篱；在北方可以盆栽供观赏，适宜布置会场等。

柚木 *Tectona grandis* L. f.

马鞭草科柚木属大乔木，高达40 m。小枝四棱形。叶卵状椭圆形或倒卵形，长20～60 cm，基部楔形下延，表面粗糙，有白色突起，沿脉有微毛，背面密被灰褐色至黄褐色星状毛。圆锥花序顶生，长25～40 cm，花有香气；花萼钟状，被白色星状绒毛，裂片较萼管短；花冠白色，花冠裂片顶端圆钝，被毛及腺点；子房被糙毛，花柱长3～4 mm，柱头2裂。核果球形，外果皮茶褐色，被毡状细毛，内果皮骨质。花期5～8月；果期11月至翌年1月。

原产于东南亚地区。我国云南、广东、广西、福建等地有栽培；生于海拔900 m以下的潮湿疏林林地。

为世界著名用材树种之一；木屑浸水可治皮肤病，煎水可治咳嗽；花和种子均有利尿的功效。

树 形

叶 枝

行道树景观

丛植景观

树 皮

片植景观

果 枝

龙吐珠 *Clerodendrum thomsonae* Balf.

马鞭草科大青属攀缘灌木，高 2～5 m。幼枝四棱形，被黄褐色短绒毛，老时无毛，小枝髓部幼时疏松，老后中空。叶片纸质，狭卵状或卵状长圆形，长 4～10 cm，顶端渐尖，基部近圆形，全缘，表面被小绒毛，背面近无毛，基脉三出。聚伞花序腋生或假顶生，二歧分枝；苞片狭披针形；花萼白色，基部合生，中部膨大，有 5 棱脊，顶端 5 深裂，外被细毛，裂片三角状卵形，顶端渐尖；花冠深红色，外被细腺毛，裂片椭圆形，花冠管与花萼近等长；雄蕊 4，与花柱同时伸出花冠外，柱头 2 浅裂。核果近球形，宿存萼不增大，红紫色。花期 3～5 月。

原产于西非。我国各地有栽培。

为优良盆栽花卉，适用于室内装饰；叶可入药。

花序枝

花序枝

蒙古莸 *Caryopteris mongholica* Bunge

马鞭草科莸属落叶灌木，高 30～80 cm。嫩枝有毛，老时渐脱落，通常基部分枝。单叶对生，叶片条形或条状披针形，长 1～4 cm，先端渐尖或钝，基部楔形，全缘，两面被绒毛；叶柄长约 3 mm。聚伞花序腋生；花萼钟形，顶端 5 裂，外被灰色柔绒毛，花冠蓝紫色，5 裂，下唇中裂片流苏状，花冠筒内喉部有细长柔毛；雄蕊 4；子房无毛，柱头 2 裂。蒴果椭圆形，无毛，果瓣具翅。花、果期 8～10 月。

产于河北、内蒙古、山西、陕西、甘肃；生于海拔 1100～1500 m 低山干旱的石质山坡、石缝、沙丘或碱质土上。

植株花色鲜艳，可在庭园栽培供观赏；全株入药，可消食理气，祛风湿，活血止痛，煮水代茶服可治腹胀、消化不良；花和叶可提取芳香油。

植株

植株

果枝

彩篱景观

植 株

丛植景观

花序枝

金叶莸

Caryopteris × clandonensis 'Worcester Gold'

　　马鞭草科莸属落叶灌木，为栽培变种。单叶对生，叶长卵形，叶表面光滑，鹅黄色，叶背面具银色毛。花蓝紫色，聚伞花序，常再组成伞房状或圆锥状，腋生；萼钟状，常5裂，宿存；花冠5裂，二唇形；雄蕊4，伸出花冠筒外；子房不完全4室。蒴果。花期夏末，可持续2～3个月。

　　我国东北、华北、华中及华东地区有栽培。喜光，耐寒，耐旱。

　　生长季节愈修剪，叶片的黄色愈鲜艳，可作为大面积色块及基础栽培。

天然林景观

花序枝

植株

唇形科
LABIACEAE

本香薷

Elsholtzia stauntoni Benth.

　　唇形科香薷属灌木或半灌木，高0.5～1.5 m；茎上多分枝。小枝被柔毛，下部近圆柱形，上部四棱形。叶对生，叶片披针形或长圆状披针形，长10～15 cm，宽3～4 cm，先端渐尖，基部楔形，边缘具整齐的锯齿，叶表面近无毛，背面密被凹腺点。穗状花序顶生，长8～13 cm，苞片披针形或为线状披针形，常带紫色；花萼管状钟形，萼5齿裂，近等长；花冠玫瑰红色，外被白色柔毛及稀疏腺点，花冠二唇形，上唇直立，下唇开展。小坚果椭圆形，光滑。花期7～9月；果期8～10月。

　　产于河北、山西、陕西、甘肃等地；多生于海拔700～1600 m的山谷、溪边、河滩、草地及石质山坡上。

　　为庭园观赏植物、蜜源植物和水土保持植物。

果 枝

植 株

茄科 SOLANACEAE

乳茄

Solanum mammosum L.

茄科茄属小灌木，高约 1 m；有皮刺，被短绒毛。叶互生，阔卵形，长 10～15 cm，具不规则短钝裂片。花单生或数朵聚成腋生聚伞花序；花冠 5 裂，青紫色，直径约 3.8 cm。果黄色或橙色，圆锥形，端钝，长约 5 cm，通常在基部具有乳头状突起。

原产于美洲。我国云南、广东、广西有栽培。喜光，喜温热。

为观果植物。

叶 枝

花 枝

群植景观

果枝

植株

珊瑚樱 *Solanum pseudo-capsicum* L.

茄科茄属落叶小灌木，高 60～120 cm；茎光滑无毛。叶互生，狭长圆形或披针形，基部狭楔形，叶全缘或波状，两面无毛，侧脉 6～7 对。花多单生，很少成蝎尾状花序，总花柄无或近无；花小，白色；花萼绿色，5 裂；花冠 5 裂；子房近圆形。浆果，橙红色，直径 1～1.5 cm，果柄顶端膨大；种子盘状，扁平。花期 6～7 月；果期 8～10 月。

产于云南，我国各地均有栽培。喜温暖、向阳、湿润的环境及排水良好的土壤，不耐寒。

为观赏植物。

叶枝

树番茄

Cyphomandra betacea Sendt.

　　茄科树番茄属小乔木，高达3m。枝密生短柔毛。叶互生，卵形，顶端短渐尖或急尖，基部偏斜，叶片表面深绿色，背面淡绿色被柔毛。蝎尾状聚伞花序，2～3歧分枝；花冠粉白色，喇叭形，比花萼长2倍。浆果卵圆形，长5～7cm，光滑，熟时橘黄色或带红色；种子圆盘形，周围有窄翅。

　　原产于南美洲。我国西藏、云南等地有栽培。喜深厚、肥沃土壤。

　　可观叶赏果；果味如番茄，可食。

果枝

果枝

树形

丛植景观

植株

夜香树

Cestrum nocturnum L.

茄科夜香树属常绿直立或近攀缘灌木，高达3m。枝条长而下垂。单叶互生，叶纸质，长圆状卵形或披针形，全缘，长8～15cm，宽2～4.5cm，先端渐尖，基部近圆形或宽楔形，两面均发亮，侧脉6～7对。花序顶生或腋生，长7～10cm，疏散而多花，花极芳香；檐部裂片5，直立或稍开张；雄蕊伸达花冠筒喉部，每花丝基部均有齿状附属物；子房卵圆形，具短柄。浆果长圆形，有1枚种子。

原产于美洲热带地区。我国南方各地普遍栽培。喜阳，不耐寒，稍耐阴，不耐旱。

可供观赏；叶入药，可清热消肿，外敷可治痈疮、乳腺炎等；有驱蚊特效。

花序枝

花序枝

花架景观

植 株

花序枝

垂直绿化景观

花序枝

玄参科
SCROPHULARIACEAE
炮仗竹

Russelia equisetiformis Schlecht. et Cham.

　　玄参科炮仗竹属常绿灌木，高 0.3～1.2 m。多分枝，全株光滑，茎四棱，细长，先端稍下垂。叶卵形或线状披针形，在棱上多退化成鳞片状。二歧聚伞花序，总梗细长，具 1～3 朵花；花萼 5 深裂；花冠长筒形，鲜红色，先端为不明显的二唇形，5 裂；雄蕊 4。蒴果近球形；种子黑色。

　　原产于墨西哥及中美洲。我国各地均有栽培。

　　枝条上成串红色花朵下垂，似细竹先端吊挂的鞭炮，可供观赏；全草入药，治跌打损伤、骨折。

紫葳科 BIGNONIACEAE

木蝴蝶

Oroxylum indicum (L.) Kurz

紫葳科木蝴蝶属小乔木，高达 10 m，胸径约 20 cm；树皮灰褐色。复叶叶轴无翅；小叶三角状卵形，两面无毛，干后带蓝色，侧脉 4～6 对。花序长 0.4～1.5 m；花萼紫色，长 2.2～4.5 cm；花冠长 3～9 cm，口部直径 5.5～8 cm，檐明部下唇 3 裂，上唇 2 裂，傍晚开放，有臭味；花药稍叉开；花盘 5 浅裂，厚 4～5 mm，直径约 1.5 cm。蒴果木质，悬垂，2 瓣裂，果瓣具中肋，边缘肋状突起；种子连翅长 6～7 cm，宽 3.5～4 cm，周翅薄如纸，称"千张纸"。花期 5～9 月；果期 8～11 月。

产于台湾、福建、广东、海南、广西、贵州、云南；生于海拔 1000～1420 m 的干热河谷、阳坡、疏林中。

种子、树皮可入药。

果 枝

树 形

丛植景观

叶 枝

果 枝

树 皮

树 形

灰楸 *Catalpa fargesii* Bur.

紫葳科梓树属乔木,高达25 m。幼枝、花序、叶柄均被分枝毛。叶厚纸质,卵形、三角状心形或三角状卵形,先端渐尖,基部平截或微心形,基脉3,幼叶有毛,后脱落。花序有7～15朵花;花冠淡红色或淡紫色,内面具紫色斑点,钟状,长约3.2 cm;雄蕊花药分叉,长3～4 mm。蒴果长55～80 cm,果片革质,2裂;种子椭圆状线形,薄膜质,两端具有丝毛,连毛长5～6 cm。花期3～5月;果期6～11月。

产于陕西、甘肃、华北、华南、西南;生于海拔700～1300 m(也有1450～2500 m)的山谷、坡地。

为行道树及庭园观赏树种;材质优良,可作为建筑、家具等用材。

硬骨凌霄 *Tecomaria capensis* (Thunb.) Spach

紫葳科硬骨凌霄属常绿半藤本或近直立灌木。枝细长，常有小瘤状突起。叶片茂盛。总状花序顶生，花冠弯曲，橙红色至鲜红色，具深红色纵纹，长约 4 cm；雄蕊突出花冠外部。蒴果线形。花期 11～12 月。

原产于南非。我国华南及西南地区可露天栽培，华北地区可盆栽，室内越冬。喜温暖、湿润及阳光充足的环境，不耐寒，耐半阴。

在南方各地庭园中常作为绿篱栽植。

花序枝

花序枝

植株

树形

果枝

猫尾木

Dolichandrone cauda-felina (Hance) Benth. et Hook. f.

　　紫葳科猫尾木属常绿乔木，高达15 m。复叶长30～50 cm，幼嫩时叶轴及小叶两面密被平伏柔毛，老时近无毛；小叶6～7对，长椭圆形或卵形，先端短尾尖，基部宽楔形或近圆形，全缘，纸质，两面无毛，侧脉8～9对，侧生小叶近无柄，顶生小叶柄长达5 cm。花序轴及花萼均密被褐色绒毛；花冠黄色，花冠筒漏斗形，下部紫色，无毛，裂片椭圆形。蒴果长30～60 cm，直径约41 cm，厚约1 cm，密被褐黄色绒毛；种子连翅长5.5～6.5 cm。花期10～11月；果期翌年4～6月。

　　产于广东中部及南部、海南、广西、云南南部；生于低海拔阳坡、疏林林缘。

　　为观赏树种；木材为散孔材，结构细致，可作为建筑、雕刻、家具、桥梁、农具等用材。

花序枝

树皮

叶枝

丛植景观

树形

蓝花楹 *Jacaranda mimosifolia* D. Don

紫葳科蓝花楹属落叶乔木，高达 15 m。二回羽状复叶对生，羽片 16 对以上，每羽片有小叶 16 ～ 24 对；小叶椭圆状披针形或椭圆状菱形，长 0.6 ～ 1.2 cm，宽 2 ～ 7 mm，被微柔毛，先端尖。花序长约 30 cm；花萼筒状，长宽均约 5 mm，萼齿 5；花冠筒细长，蓝色，下部微弯，上部膨大，长 15 ～ 18 cm，檐部裂片圆形；雄蕊着生于花冠筒中部。蒴果扁卵圆形，长宽均约 5 cm。花期 5 ～ 6 月。

原产于南美洲巴西、玻利维亚、阿根廷。我国广州、海南、广西、福建、云南南部等地有栽培。

为观赏树种；木材黄白色至灰色，质轻软，纹理通直，易加工，可作为家具用材。

树 皮

行道树景观

树 形

果 枝

吊灯树

Kigelia africana (Lam.) Benth.

　　紫葳科吊灯树属乔木，高达 20 m，胸径约 1 m，枝下高约 2 m。复叶对生或轮生，叶轴长 7.5 ～ 15 cm；小叶 7 ～ 9 对，长圆形或倒卵形，近革质，两面淡绿色，被微柔毛。花序顶生，长 0.5 ～ 1 m，花稀疏，6 ～ 10 朵；花萼革质，长 4.5 ～ 5 cm，直径约 2 cm，具 3 ～ 5 裂齿，不等大；花冠橘黄色或褐红色，裂片卵圆形，上唇 2 片较小，花冠筒具突起纵肋；雄蕊外露。果长约 38 cm，直径 12 ～ 15 cm；果柄长约 8 cm。

　　原产于非洲热带地区。我国广东、海南、福建、台湾、云南有栽培。

　　为优良观赏树种；果肉可食用；树皮可药用。

十字架树 *Crescentia alata* H. B. K.

　　紫葳科葫芦树属常绿小乔木。叶片不规则着生，从干到枝均可以萌发，一般2叶一簇，叶的形状酷似"十"字形。花紫色，小高脚杯形；雌蕊1个，雄蕊4个，雌蕊高于雄蕊。蒴果大，椭圆形，表面光滑。

　　原产于南美洲。我国广东、海南、云南有栽培。

　　为庭园绿化树种。

花枝

树形

树皮

叶枝

树皮

果枝

炮弹果 *Crescentia cujete* L.

　　紫葳科炮弹果属常绿乔木，高达 10 m。叶簇生，长倒卵形或长椭圆形，先端突渐尖，基部楔形。主干生花，花白色。蒴果大，扁球形或卵状椭圆形。

　　产于广东、海南、云南。喜温暖、湿润气候，喜深厚、肥沃、疏松土壤。

　　为庭园绿化树种。

孤植景观

树形

垂直绿化景观

花序枝

花序枝

植株

炮仗花

Pyrostegia venusta (Ker-Gawl.) Miers

紫葳科炮仗藤属常绿藤本，高达8m。卷须线状，3裂。叶背有腺点，叶柄被柔毛。花数朵排列成下垂圆锥花序，花橙红色，长约7cm，繁密；花冠裂片外卷，有白色绒毛。花期春季。

原产于巴西。我国华南地区有栽培。喜温暖、阳光充足环境，在湿润、疏松、肥沃土壤中生长良好。

为我国华南地区庭园中优良垂直绿化树种，在华北地区可以盆栽用作庭园绿化，在室内越冬。

树皮

火焰树

Spathodea campanulata Beauv.

　　紫葳科火焰木属常绿乔木，树冠阔卵形。叶对生，羽状复叶，小叶阔椭圆形，叶脉在叶面显著深陷。总状花序，花朵硕大，杯状，深红色的花瓣边缘有一圈金黄色的花纹。蒴果扁平，长椭圆形。花期 10 月至翌年仲春。

　　原产于加蓬。我国广东、海南、广西、云南等地有栽培。喜暖热、湿润气候，喜深厚、肥沃、疏松土壤。

　　为庭园观赏树种。

花序枝

丛植景观

树形

叶枝

盆 栽

花序枝

爵床科 ACANTHACEAE

银脉单药花

Aphelandra squarrosa 'Louisae'

　　爵床科单药花属常绿小灌木，高 50～80 cm；茎直立，粗壮，略带肉质，有分枝。叶大，长椭圆形，对生，绿色有光泽，具鲜明的黄白色叶脉。穗状花序，单生或三出；花冠唇形，淡黄色，苞片金黄色或橙黄色。花期 8～10 月。

　　原产于巴西。我国华南地区有栽培。不耐寒，越冬最低温度为 10℃。

　　绿色叶片，黄白色叶脉，金黄色花序，非常醒目，适宜家庭、宾馆和橱窗布置，也可与其他矮生植物配植，增加观赏效果。

植 株

丛植景观

花序枝

丛植景观

植 株

金苞花 *Pachystachys lusea* Nees

　　爵床科厚穗爵床属常绿小灌木，高 20～70 cm。茎直立。叶对生，宽披针形，叶脉鲜明，叶面皱褶，叶缘波浪形。穗状花序着生茎顶，花序长 10 cm；苞片心形，金黄色，长 2～3 cm，可保持 2～3 个月；花白色，唇形，长约 5 cm，从花序基部陆续向上绽开。蒴果。花期夏秋。

　　原产于秘鲁。我国各地温室有栽培。喜温暖、湿润和阳光充足环境。不耐寒，怕强光曝晒，但冬季温度不得低于 15℃。喜肥沃、疏松和排水良好的腐叶土。

　　株丛整齐，花苞鲜黄，唇花洁白，花期长，是盆栽的理想材料。

硬枝老鸦嘴 *Thunbergia erecta* (Benth.) T. Anders.

　　爵床科山牵牛属直立小灌木，高 0.6～1.5 m，多分枝。叶片卵圆形。花单生于叶腋，花大，蓝紫色。花期夏季。
　　原产于美洲热带地区。我国各地均有栽培。
　　常盆栽供观赏，可布置厅堂、会场。

植 株

花 枝

树 皮

树 形

果 枝

丛植景观

茜草科 RUBIACEAE

团花

Neolamarckia cadamba (Roxb.) Bosser

　　茜草科团花属落叶大乔木，高达 30 m；树干通直，基部稍有板根，树皮薄，灰棕黄色至灰黄褐色，浅纵裂。幼枝稍扁，老枝圆，灰色，无毛。叶薄革质，椭圆形、长圆状椭圆形、卵形或倒卵形，背面密生柔毛，后渐脱落，侧脉 7 ～ 12 对；托叶披针形，早落。头状花序单生枝顶，花序梗粗，长 2 ～ 4 cm；萼筒长约 1.5 cm，无毛，裂片长圆形；花冠漏斗状，黄白色，裂片披针形，长约 2.5 cm。果序直径 3 ～ 4(5) cm，黄绿色；种子近三棱形，无翅。花、果期 6 ～ 11 月。

　　产于广东、广西南部、云南南部；生于海拔 200 ～ 1000 m 的低山、丘陵、沟谷、溪边。

　　速生，寿命长，适合培育大径材；木材淡黄色，材质轻软，适于作为箱板、纸浆和人造板原料。

果 枝

大花栀子

Gardenia jasminoides 'Grandiflora'

茜草科栀子属常绿小乔木或灌木状。嫩枝被毛。叶对生,稀3轮生,叶大。花单生于枝顶,大,重瓣白色,具芳香。浆果卵形、近球形、椭圆形或长圆形,熟时黄色至橙红色,有翅状纵棱,萼片宿存。花期3～7月;果期5月至翌年2月。

产于长江流域以南各地。

为庭园绿化树种,北方盆栽供观赏;果药用,可清热利尿、解毒、散瘀;果实提取物可用于食品及化妆品;木材黄褐色,坚重致密,可作为家具、雕刻等用材。

花 枝

群植景观

植 株

果 枝

果 枝

植 株

咖啡 *Coffea arabica* L.

　　茜草科咖啡属小乔木，高达8m。基部多分枝。叶薄革质，卵状披针形或披针形。先端长渐尖，两面无毛，表面中脉突起，背面脉腋有或无小窝孔，侧脉7～13对；叶柄长0.8～1.5cm；托叶宽三角形，先端钻形或芒尖。聚伞花序数个簇生于叶腋，每花序有2～5朵花，花芳香，苞片基部稍合成，2枚宽三角形，另2枚披针形；萼筒长2.5～3mm；花冠白色，长1～1.8cm，5(6)裂，裂片长于花冠筒。浆果宽椭圆形，熟时红色，长1.2～1.6cm，直径1～1.2cm，果肉有甜味。种子长0.8～1cm，直径5～7mm。花期3～4月。

　　原产于埃塞俄比亚和阿拉伯半岛。我国福建、台湾、广东南部、海南、广西、四川、贵州、云南南部有栽培。

　　种子（咖啡豆）可加工制作咖啡，供饮用。

大粒咖啡 *Coffea liberica* Bull ex Hiern

　　茜草科咖啡属乔木或灌木状，高达15m。叶薄革质，椭圆形、倒卵状椭圆形或披针形，先端骤短尖，两面无毛，背面脉腋具小窝孔，内有簇毛，侧脉(5)8～10对；叶柄粗；托叶宽三角形。聚伞花序2至数个簇生于叶腋或老枝叶痕上，花序梗极短；苞片2枚，宽卵形，先端平截，2枚线形。浆果宽椭圆形，长1.9～2.1cm，直径1.5～1.7cm，熟时鲜红色，顶端具直径4～7mm的突起花盘；种子长圆形，长约1.5cm，直径约1cm，平滑。花期12月至翌年3月；果期翌年6～7月。

　　原产于非洲西海岸利比里亚低海拔林内。我国广东南部、海南、云南南部有栽培。

　　可作为庭园观赏树种；咖啡豆制品味浓，宜作为咖啡的配料。

果 枝

丛植景观

植 株

花序枝

造型

花坛景观

龙船花 *Ixora chinensis* Lam.

茜草科龙船花属灌木，高达2 m。叶披针形，长圆状披针形或长圆状倒披针形，侧脉7～8对；叶柄极短或无，托叶基部合生呈鞘状，先端长渐尖，比鞘长。花序多花，总花梗长0.5～1.5 cm；苞片和小苞片微小；萼筒长1.5～2 mm，筒檐4裂，裂片长约0.8 mm；花冠红色或红黄色，裂片5～7 mm。核果近球形，双生，有沟，熟时红黑色。花期5～7月。

产于福建、广东、香港、广西；生于海拔200～800 m的山地灌丛中、疏林下。

花朵紫红色，南方露天栽培供观赏，北方为优美室内盆花。

植株

花序枝

植 株

丛植景观

红仙丹花

Ixora coccinea L.

茜草科龙船花属常绿灌木，高2～3 m。枝条密生。叶对生，全缘，椭圆状卵形或椭圆形，先端钝或尖，基部楔形，长7～13 cm。聚伞花序顶生；花萼浅裂；花冠呈高脚杯状，上端裂成4瓣，呈圆形或卵形，橘红色至深红色；雄蕊4枚，生在花冠的裂片之间。果为浆果，球形。花期5～12月。

产于中国西南和亚洲热带地区。我国华南地区有栽培。

花姿娇艳，花期长，耐旱、耐高温，适于庭园美化，可用作盆栽或切花；根茎可药用。

九节 *Psychotria rubra* (Lour.) Poir.

　　茜草科九节属小乔木或灌木状，高达 5 m。叶纸质或革质，长圆形、椭圆状长圆形或倒披针状长圆形，干后常暗红色或表面淡绿色，背面褐红色，表面中脉和侧脉凹下，背面脉腋常有束毛，侧脉 5～15 对；叶柄近无毛，托叶短鞘状，不裂。伞房状或圆锥状聚伞花序顶生，无毛，多花；萼筒杯状，檐部近平截或不明显 5 齿裂；花冠白色，喉部被白色长柔毛，裂片近三角形，花时反折；柱头 2 裂。核果球形或宽椭圆形，长 5～8 mm，直径 4～7 mm，有纵棱，红色；果柄长 0.2～1 cm；种子及小核腹面平。

　　产于浙江、福建、台湾、湖南、广东等地。生于海拔 1500 m 以下的平原、丘陵、山坡、山谷溪边灌丛中、林内。

　　嫩枝、叶和根可入药。

果 枝

植 株

醉娇花（希茉莉） *Hamelia patens* Jacq.

　　茜草科长隔木属常绿灌木。枝条细长分枝多，呈暗红色。叶椭圆形或倒卵形，3～4 枚轮生，叶背面淡红色。聚伞花序顶生，花橙红色，小花长筒状。花期 5～8 月。

　　原产于北美洲、南美洲。我国长江以南各地有栽培。喜强光，不耐阴，耐旱，耐修剪，易移植。冬季忌霜，不耐寒。

　　为观花和观叶植物，适于庭园、公园孤植、列植或丛植，也可作为大型花槽或绿篱材料。

花序枝

植株

五星花 *Pentas lanceolata* (Forsk.) K. Schum.

茜草科五星花属直立亚灌木，全株被毛。叶浓绿色，长 6～8 cm，对生，膜质，卵形、椭圆形或卵状披针形，先端渐尖，叶基渐狭，具短柄。聚伞花序生于枝顶，每个花序约由 20 朵小花组成；花冠被疏长毛，花冠管长，裂片 5，裂片呈五角星形，花冠红色、粉红色、白色、浅紫色、绯红色、桃红色；雄蕊 5，花柱突出。蒴果膜质；种子细小。花期 3～11 月。

原产于非洲热带地区。我国长江以南各地均有栽培，南方可以露天越冬，北方需要温室越冬。

为庭园绿化、观赏树种。

花序枝

植株

红玉叶金花

Mussaenda erythrophylla Schum. et Thonn.

茜草科玉叶金花属常绿攀缘灌木。叶对生或轮生，卵状矩圆形。伞房状聚伞花序顶生，花萼 5 片，其中一片扩大呈叶状，鲜红色；花冠筒部红色，檐部淡黄色，喉部红色。

原产于西非热带地区。我国华南地区有栽培。

为草坪和庭园绿化树种。

丛植景观

植株

花序枝

摄 枝

叶 枝

玉叶金花

Mussaenda pubescens Ait. f.

茜草科玉叶金花属常绿攀缘灌木。叶片对生或轮生，卵状矩圆形至卵状披针形。聚伞花序顶生，稠密；花萼裂片条形，白色，其中1片先端扩大成叶状，长2.5～4 cm，有纵脉；花冠黄色，裂片内面有金黄色粉末状小突点。花期4～10月。

我国长江以南各地有栽培。

可供草地丛植或与其他灌木配植，也可以用于疏林草地散植。

花序枝

花篱景观

粉萼金花

Mussaenda hybrida 'Alicia'

茜草科玉叶金花属半落叶灌木。叶
对生，长椭圆形，全缘，叶面粗糙，先
端尾状渐尖，叶柄短。聚伞花序顶生；
花金黄色，高杯形合生成星形，小花很
快掉落；萼片肥大，盛开时满株粉红色，
甚醒目。花期夏至秋冬。

原产于非洲热带地区、亚洲。我国
长江以南各地均有栽培。

为庭园绿化树种。

花序枝

植株

丛植景观

盘叶忍冬果枝

忍冬科 CAPRIFOLIACEAE

盘叶忍冬

Lonicera tragophylla Hemsl.

忍冬科忍冬属落叶木质藤本，幼枝无毛。叶对生，纸质，矩圆形或卵状矩圆形，长 5～12 cm，先端钝或稍尖，基部楔形，表面光滑，背面被短粗毛或至少中脉下部密生淡黄色短粗毛。花序下方 1～2 对叶连合成圆形或卵圆形的盘，盘两端常钝形或具短尖头；3 朵花组成聚伞花序密集成头状花序生于小枝顶端；萼筒壶形；花冠黄色至橙黄色，上部外面略带红色，长 5～9 cm，唇形，上唇 4 裂，直立而先端反折，下唇反折，雄蕊伸出花冠外，花柱与雄蕊等长。浆果，球形，红色。花期 6～7 月；果期 9～10 月。

产于河北西南部及西北、西南、华中、华南地区；生于林下灌丛或河滩旁岩石缝中。

为绿化、观赏树种；花蕾和带叶嫩枝供药用，可清热解毒。

蒙古荚蒾植株

蒙古荚蒾

Viburnum mongolicum (Pall.)Rehd.

忍冬科荚蒾属落叶灌木，高达 2 m；树皮灰白色。2 年生小枝黄白色；幼枝、裸芽、叶片背面、叶柄及花序均被星状毛。叶对生，叶片宽卵形、圆形至椭圆形，长 2.5～6 cm，先端尖或钝，基部圆形或楔圆形，边缘有波状浅齿，齿端有小突尖，两面被星状毛，侧脉 3～5 对，近缘前分枝而互相网结。萼筒无毛，花冠筒状钟形，淡黄白色，瓣片短，外展。核果，红色渐变黑色，核扁，背腹面具浅沟。花期 5～6 月；果期 8～9 月。

产于内蒙古、河北、山西、陕西、河南、宁夏、甘肃、青海；生于海拔 800～2400 m 的山地、疏林、河谷。

为优良观赏树种；茎皮纤维可造纸、制绳索。

蒙古荚蒾花序枝

果 枝

桦叶荚蒾

Viburnum betulifolium Batal.

忍冬科荚蒾属落叶小乔木，高达7m。幼枝紫褐色。叶卵圆形、菱状卵形或菱状倒卵形，先端尖或骤渐尖，基部宽楔形或圆形，具浅波状牙齿，背面沿脉疏生平伏毛，脉腋稍有簇生毛，侧脉4～6对，有托叶。萼筒被腺毛，花冠无毛，雄蕊突出花冠。果近球形，长约6mm，红色；核扁，有2浅背沟及1～3浅腹沟。花期6～7月；果期9～10月。

产于陕西南部、甘肃南部、湖北、湖南、四川、贵州及云南北部；生于海拔1300～3100m的林内及灌丛中。

可栽培供观赏；茎皮纤维供制绳索及造纸；果可食用及酿酒。

花序枝

树 形

丛植景观

露兜树科 PANDANACEAE

分叉露兜树 *Pandanus furcatus* Roxb.

　　露兜树科露兜树属常绿乔木，高达 12 m。茎顶部常二歧分枝，基部有粗壮的气生支柱根。叶簇生于枝顶，革质，带状，长 1～4 m，宽 3～10 cm，先端具三棱形鞭状尾尖，边缘及背面中脉均具下弯锐刺。花雌雄异株；雄花序复穗状。聚花果长圆形，长 10～15 cm，直径约 10 cm，熟时红棕色。花期 8 月。

　　产于广东南部、海南、广西南部、云南南部；生于海拔 1500 m 以下的山林中、溪旁。喜高温、多湿气候，喜疏松、肥沃、排水良好的沙壤土。

　　树形美丽，叶子修长，适于庭园观赏；叶纤维坚韧，供编织帽、席、网、袋，制刷子或蓑衣；根及果可药用。

叶 枝

树 根

红刺露兜树 *Pandanus utilis* Bory.

　　露兜树科露兜树属常绿乔木，高 2～5 m，可达 18 m。干上有环状叶痕，干基具粗大且直立的气生根。叶簇生于枝顶，螺旋状散生，直立呈倒伞状，长披针形，长 30～40 cm，宽 4～7.5 cm，深绿色，硬革质；叶缘及背面中脉具红色的锐钩刺。花雌雄异株，雄花序穗状，雌花序头状椭圆形。聚花果卵圆形，熟时黄色。

　　原产于马达加斯加。我国海南，广东广州、深圳，福建厦门，云南西双版纳有栽培。喜高温、多湿的气候，喜富含有机质及排水良好的壤土或沙质土。

　　树形优美，大型品种适合庭园美化，幼株可盆栽作为室内植物；叶纤维质佳，可供编织；鲜花含芳香油；根、叶、花、果均可入药。

树 形

叶 枝

孤植景观

叶 枝

禾本科 GRAMINEAE

凤尾竹

Bambusa multiplex 'Fernleaf '

禾本科簕竹属灌木状竹类，为孝顺竹栽培变种。秆密集丛生，高 1～2 m，直径 4～8 mm；枝叶稠密，纤细而下垂，小枝有 9～13 叶。叶片长 3.3～6.5 cm，宽4～7 mm，质薄，线状披针形至披针形，羽状排成 2 列，枝顶端弯曲。

产于华东、华南地区。喜温暖、湿润气候及排水良好、湿润土壤，适应性强。

枝叶婆娑秀丽，多栽培于庭园供观赏，也常在宅旁湖边、河岸栽植；竹秆可篾用，又为造纸原料。

植 株

丛植景观

片植景观

造 型

叶枝

秆形

秆皮

秆皮

丛植景观

黄金间碧玉竹 *Bambusa vulgaris* 'Vittata'

　　禾本科簕竹属乔木型竹类，秆高6～15 m，直径4～6 cm，鲜黄色而间有绿色条纹。箨鞘草黄色，具细条纹，背部密被暗棕色短硬毛，毛易脱落；箨耳近等长；箨舌较短，边缘具细齿或条裂；箨叶直立，卵状三角形或三角形，腹面脉上密被短硬毛。叶披针形或线状披针形，长9～22 cm，两面无毛。

　　产于台湾、福建、广东、广西、海南、云南南部等地。喜温暖、湿润气候，不耐寒，喜土层深厚、排水良好的土壤。

　　为著名观赏竹种，盆栽或植于庭园供观赏；竹秆高大坚实，可作为建筑、造纸等用材，在果园、菜园用作支柱。

大佛肚竹

Bambusa vulgaris 'Wamin'

　　禾本科箣竹属丛生竹类,秆直立,绿色,高2～3m,直径4～5cm,中下部各节间极其缩短,突起呈算盘珠状;秆基数节有气根。箨鞘背部密被暗棕色硬毛,易脱落;箨耳近等大,暗棕色,椭圆形;箨舌先端条裂;箨叶直立,卵状三角形。小枝有7～8叶,叶窄披针形,长15～25cm,宽2～3cm,侧脉6～8对,两面无毛。

　　产于我国华南及浙江、福建、台湾等地。喜温暖、湿润气候,喜疏松、肥沃的沙质壤土。

　　形态奇特,颇为美观,为著名观赏竹种;宜植于庭园内池旁、亭际、窗前或于绿地内成片栽植,也可盆栽。

秆形

丛植景观

秆皮

粉单竹

Bambusa chungii McClure

禾本科簕竹属乔木状竹类，丛生竹，秆直立，秆高达 18 m，直径 6～8 cm；节间长 30～100 cm，圆筒形，被白粉。秆环平，箨环具一圈木栓质，上有倒生棕色刺毛；箨鞘背部密生刺毛；箨耳窄长，边缘有纤细繸毛；箨舌高约 1.5 mm；箨叶外翻，卵状披针形，背面密生刺毛。分枝高，每节具多数分枝。小枝具 6～7 叶；叶质较厚，披针形或线状披针形，长 10～20 cm，宽 1～3 cm，侧脉 5～6 对。笋期 6～7 月，7 月最盛。

产于湖南南部、广东、海南、广西、云南东南部；多生于溪边、谷地。喜温暖、湿润气候，喜肥沃、疏松的沙质土壤。

在我国华南多庭园栽培供观赏；竹材强韧，为优良篾用竹种，供编制竹器、用具、竹板、竹绳、鱼篓；也是较好的造纸原料。

秆皮

秆形

秆 形

叶 枝

丛植景观

麻竹

Dendrocalamus latiflorus Munro

禾本科牡竹属竹类，秆高 20～25 m，直径 15～ 30 cm；梢端弓形下弯，中部节间长 40～60 cm，新秆被白粉，无毛；基部数节节间具黄褐色毛环，箨环常有箨鞘基部的残余物。箨鞘革质，坚而脆，顶端呈圆口铲形，两肩宽圆，背面疏被易脱落的棕色刺毛，中部较密，或无毛；箨耳小，易脱落，鞘口具繸毛；箨舌高约 3 mm，具锯齿；箨叶卵状披针形，外翻，腹面有毛。小枝具 6～10 叶；叶鞘背面疏生易脱落的刺毛，叶耳不明显或无，鞘口无繸毛，叶舌高 1～2 mm，先端平截；叶卵状披针形或长圆状披针形，两面无毛，侧脉 11～15 对。笋期 7～9 月。

产于福建、台湾、广东、香港、广西、海南、四川、贵州、云南。

可庭园栽培供观赏；竹秆为建筑用材。

丛植景观

金镶玉竹

Phyllostachys aureosulcata
'Spectabilis'

　　禾本科刚竹属乔木状竹类，为黄槽竹的栽培变种。秆高6～8 m，直径2～4 cm；竹秆金黄色。分枝一侧的节间纵沟槽绿色；笋箨和秆箨淡黄色或淡紫色，疏生细小斑点与绿色细线条；箨耳宽镰刀形，有长繸毛；箨片长三角形至宽带形；箨舌宽短，弧形，先端有纤毛。每小枝有2～3叶；叶片披针形，长4～11 cm，宽0.8～1.5 cm，表面绿色，背面粉绿色，基部中脉两侧有细毛。笋期5月。

　　产于江苏、北京、山西、山东等地。耐寒，适应性强，喜温暖气候和排水良好土壤。

　　竹秆色泽美丽，为名贵竹种，常植于庭园供观赏。

秆 皮

秆 形

淡竹

Phyllostachys glauca
McClure

禾本科刚竹属大型竹，秆高6～18m，直径3～10cm；中部节间长30～45cm；新秆密被白粉，呈蓝绿色，无毛；老秆绿色，节下有白粉环；秆环与箨环均中度隆起。笋淡紫红色；箨鞘淡红褐色或黄褐色，脉纹紫色，有稀疏紫褐色斑点和斑块；无箨耳和繸毛；箨舌紫色；箨片条状披针形，绿色，脉纹紫色，边缘黄色，平直，下垂。每小枝有2～3叶；叶片带状披针形，长5～16cm，宽12～25mm，背面基部有毛。笋期5月。

产于河南、山东、陕西、山西等地。较耐寒，适应性强。

可庭园绿化供观赏；竹材优良，韧性强，整材可做农具柄、椽篱、晒竿、瓜架等；篾性好，易劈篾，可编制各种竹器；笋味鲜美，供食用。

片植景观

秆皮

植株

秆 形

秆 皮

黑毛巨竹

Gigantochloa nigrociliata (Büse)
Kurz

　　禾本科巨竹属竹类。秆高 8～15 m，直径 4～
10 cm；梢端常下垂，基部数节具气根，节间绿色，具淡
黄色条纹，幼时被棕色刺毛；箨环不甚隆起；中部以下
各节的节间和秆环均具灰白色的绒毛圈。箨鞘密被棕刺
毛，顶端近平截；箨耳椭圆形或近圆形；箨舌细齿裂；
箨叶外翻，卵形或卵状披针形，先端内卷，基部外延与
箨耳相连。分枝高，自 9～10 节开始多枝簇生，主枝较
粗长；小枝具 10 叶；叶鞘具紫红色至紫黑色纵纹，背面
幼时被白色柔毛；叶耳无，叶舌平截，高约 1 mm；叶披
针形或窄披针形，侧脉 9～10 对，小横脉明显。

　　产于云南西双版纳；生于海拔 500～800 m 的林中、
溪边。

　　可栽培供观赏；篾性好，供编制器具；竹秆可作为
农具和建筑材料。

叶 枝

棕榈科 PALMAE

假槟榔

Archontophoenix alexandrae

(F. Muell.) H. Wendl. et Drude

　　棕榈科假槟榔属常绿乔木，高 20～30 m。茎干淡褐灰色，具阶梯状叶环痕，顶部为绿色光滑叶鞘束区，干基膨大。叶羽状全裂，长约 2.3 m，宽约 1.2 m，裂片长约 60 cm，宽 1.2～3 cm，顶端渐尖，略 2 浅裂，全缘，表面绿色，背面灰绿色，具白粉，中脉及侧脉突起，叶轴下面密被褐色鳞秕状绒毛；叶柄短；叶鞘长约 1 m，抱茎，革质，淡绿色。佛焰花序悬垂叶鞘束下，雌雄同株异序。坚果卵球形，长 1.2～1.9 cm，熟时红色；种子 1，卵圆形，长约 8 mm。花期 4 月；果期 5～7 月。

　　原产于澳大利亚东部。我国广东、福建、香港、海南、广西、云南有栽培。

　　树形苗条秀丽，果红色，是良好的庭园观赏树种，宜作为行道树，还可作为框景选材。

行道树景观

花序枝

列植景观

树形

叶枝

果序枝

树皮

片植景观

果序枝

树形

丛植景观

槟榔 *Areca catechu* L.

棕榈科槟榔属常绿乔木，高 10～30 m，胸径 15～45 cm；树冠较小。茎干直立细长而光滑，有明显的环状叶痕。叶簇生于茎顶，羽状全裂，长 1～4 m，羽片 40～60 对，窄长披针形，软革质或纸质，长 30～80 cm，宽 2～8 cm，最上 2 裂片常连生，顶端不规则啮蚀状；叶鞘长 60～80 cm，软革质，圆筒形；叶柄长 3.5～5.4 cm，三角状半圆形。佛焰花序圆锥状生于叶鞘束下，多分枝，雌雄同序。核果卵球形，熟时红色；种子 1，卵形，基部平。花期 3～8 月；果期 12 月至翌年 2 月。

原产于马来西亚。我国海南、广东、广西、福建、台湾、云南有栽培。

可栽植供观赏；木材坚韧，可作为房柱、隔板、家具等用材；果称"大腹皮"，可药用；咀嚼果实可助消化。

三药槟榔 *Areca triandra* Roxb. ex Buch. -Ham.

　　棕榈科槟榔属常绿丛生灌木，高 2～8 m。茎 2.5～4 cm，干绿如竹，有宽环状叶痕。叶长 1.5～2.5 m，羽状全裂，裂片 15～25 对，顶端 1 对合生，裂片先端有 1～8 浅裂，长椭圆状披针形，长 45～50 cm，有纵肋 3 条，叶表面亮绿色，背面淡暗绿色，两面光滑；叶柄窄长；叶鞘长 60 cm，灰绿色。佛焰花序圆锥状，长 40～45 cm，分枝蜿蜒状，雌雄同序。核果卵状长圆形，熟时深红色，长 2.5～3 cm；种子倒卵状长圆形。花期 3～5 月；果期 8～9 月。

　　原产于印度、中南半岛及马来西亚。我国海南、广东、广西、台湾、福建、云南有栽培。喜温暖、湿润气候，耐阴。

　　树形雅致，果色美丽，适于庭园栽培或室内盆栽，供观赏；果可作为槟榔的代用品。

植 株

果序枝

花序枝

叶 枝

花序枝

丛植景观

桄榔

Arenga pinnata (Wurmb.) Merr.

棕榈科桄榔属常绿乔木，高5～17 m，胸径15～60 cm，密被叶鞘残基与纤维。叶聚生于干顶，长4～9 m，羽状全裂，裂片条形，长0.8～1.5 m，宽4～5.5 cm，顶端有啮蚀状齿，基部有2个不等长的耳垂，背面苍白色；叶鞘粗纤维质，抱茎。佛焰花序生于叶腋，多分枝，排成下垂的圆锥花序；花单性同株，雌雄花异序。果倒卵形，直径4～5 cm，熟时棕黑色，有3棱；种子3，宽椭圆形、卵状三棱形。花期6月；花后2～3年果熟。

产于海南、广东、广西、云南、西藏南部；常生于密林、山谷及石灰岩山地。喜阴湿环境。

树姿雄伟优美，宜用于园林造景及作为公园行道树；茎髓部富含淀粉，供食用；幼嫩茎尖可做蔬菜；叶鞘纤维强韧抗腐，可制绳缆。

树形

果序枝

树皮

丛植景观

果枝

矮桫榔

Arenga engleri Becc.

　　棕榈科桫榔属常绿丛生灌木。叶全部基生,羽状全裂,长2～3 m;裂片条形,互生,2列,长30～50 cm,宽1.5～3.5 cm,先端长渐尖,中部以上边缘有不规则的啮蚀状齿,基部楔形,仅一侧有不明显耳垂,表面深绿色,背面银灰色,密被灰白色鳞秕;叶柄长0.8～1.6 cm;叶鞘纤维质,黑褐色;叶轴近圆形,有银灰色鳞秕。佛焰花序生于叶丛中,多分枝,排成圆锥花序;花单性同株,雌雄花异序。果近球形,宽约1.8 cm,熟时橘黄色至橙红色,顶部具3棱及短喙。花期5～6月;果期11～12月。

　　产于广西、台湾及福建等地。生于山谷林下。喜温暖、阴湿环境。

　　为我国华南、西南亚热带园林优美观赏树种;叶可制雨笠;叶鞘纤维可做扫帚。

植株

孤植景观

群植景观

树 形

丛植景观

霸王棕

Bismarckia nobilis Hildebr. et H. Wendl.

　　棕榈科霸王棕属常绿乔木，高 20 ～ 30 m；茎干基部膨大，粗壮，叶基宿存。叶宽圆扇形，掌状浅裂，厚革质，直径约 3 m，平展，裂片 20 ～ 40，长 30 ～ 40 cm，宽 5 ～ 8 cm，坚韧直伸，先端钝，裂口处常有下垂的丝状纤维，叶面蓝绿色，覆有白色的蜡及淡红色的鳞秕，具中肋；叶柄粗壮，有白色条纹。花序二回分枝圆锥状，生于叶腋，雌雄异株。果卵形，褐色。

　　原产于马达加斯加西部草原地区。我国华南、东南、西南地区有栽培。喜阳光，具一定的耐寒性，对土壤的适应力较强。

　　树体庞大，叶色独特，叶身坚韧直伸，构成极为独特而优美的株形，适于庭园栽培，供观赏；可孤植作为主景植物，也可列植。

树形

丛植景观

丛植景观

叶枝

糖棕

Borassus flabellifer L.

　　棕榈科糖棕属大乔木，高 20～30 m，胸径达 1 m。叶直径可达 3.3 m，革质，坚挺，掌状多裂，表面绿色光滑，背面略暗灰绿色，裂片 60～80，多裂至中部；幼树老叶常宿存悬垂。雄花序长达 1.5 m，具 3～5 分枝，雄花小，多数，着生于小穗轴凹穴中；雌花序长约 80 cm，4 分枝，雌花较大，每小穗轴有花 8～16 朵。核果扁球形，褐色，直径 15～20 cm，外果皮黑褐色，中果皮纤维质，内果皮具 3(1) 果核；每果核具 1 枚种子，胚乳角质，中央有空腔，胚近顶生。

　　原产于印度、缅甸、斯里兰卡至马来西亚。我国华南地区有栽培。

　　花序汁液可以熬糖；幼果嫩仁可以食用；木材坚硬珍贵。

花序枝

短穗鱼尾葵 *Caryota mitis* Lour.

棕榈科鱼尾葵属常绿乔木，高 5～12 m。茎干暗黄绿色，竹节状，环状叶痕常具休眠芽，近地面有棕褐色肉质气生根。叶二回羽状全裂，长 1～4 m，宽约 1.5 m，淡绿色，羽片 20～25，每羽片有裂片 13～19，裂片薄而脆，扇形，具不整齐啮蚀状齿；叶柄长 50 cm 以下，叶鞘长 50～70 cm，下部密被棕黑色棉毛状鳞秕。佛焰花序圆锥状，分枝密，长 25～60 cm。浆果球形，直径 1.1～1.5 cm，熟时褐紫色或棕褐色，略被白粉，近无柄；种子扁球形，直径 1～1.2 cm。花期 4～6 月；果期 8～11 月。

产于海南、广东、广西等地；生于山谷林中。耐阴，喜温暖、湿润气候，喜湿润酸性土壤。

为庭园及温室盆栽植物；茎髓心富含淀粉，供制甜食；花序汁液含糖分，供熬糖、制酒。

果序株

树形

鱼尾葵 *Caryota ochlandra* Hance

棕榈科鱼尾葵属常绿乔木，高达 30 m。茎通直，茎皮黄绿色至灰褐色。叶二回羽状深裂，长 2～4 m，宽 1.1～1.7 m，每侧羽片 14～20，中部较长，下垂；羽片两侧各有裂片 11～13，厚革质，先端有不规则齿缺，酷似鱼鳍；叶轴及羽片轴上均被棕褐色毛及鳞秕；叶柄长 1.5～3 cm；叶鞘巨大，长圆筒形，抱茎，长约 1.7 m，中部以下密被灰褐色棉毛状鳞秕，上部两侧具黑褐色棕丝。佛焰花序圆锥状，长 1.5～3 m，下垂。浆果球形，直径 1.5～2 cm，熟时淡红褐色。花期 5～7 月；果期 8～11 月。

产于福建、广东、海南、广西、云南、贵州；生于海拔 450～700 m 的石灰岩山坡或沟谷林中。

为园林布景及行道树；边材可做家具贴面；根及种子可供药用。

花序枝

群植景观

果序枝

丛植景观

树形

散植景观

丛植景观

叶形

树形

董棕 *Caryota urens* L.

棕榈科鱼尾葵属常绿乔木，高达25 m，胸径达90 cm，冠幅可达12 m。茎干单生，中下部膨大成佛肚状，茎皮紫黑色，有光泽，具环状叶痕。叶大型，二回羽状全裂，长达7 m，宽达5 m，每叶有羽片43，每羽片具多数下垂裂片，顶裂片扇形，侧裂片不等边三角形，长11～29 cm，宽5～20 cm；叶柄粗长，密被褐黑色鳞秕，叶鞘革质，长约3 m。佛焰花序圆锥状，腋生，长2～6 m。浆果略扁球形，直径达2.6 cm，熟时红褐色至淡暗红紫色；种子1～2，略扁半球形。花、果期5～10月。

产于云南南部、广西及西藏南部。喜石灰质土壤。

为庭荫树及园景树；木材坚硬，可做水槽；树皮厚硬，色泽美观，可制高级筷子及家具贴面；嫩花梗汁液可制糖或酿酒。

丛植景观

盆栽景观

列植景观

散尾葵

Chrysalidocarpus lutescens
H.Wendl.

　　棕榈科散尾葵属常绿丛生灌木，高达
10 m。茎粗 4～7 cm，基部膨大；茎干
光滑，黄绿色，幼时被蜡粉，节环明显。
叶一回羽状全裂，羽片长约 1.1 m，裂
片 40～60 对，2 列，裂片条状披针形，
长 40～70 cm，宽 2.5 cm，顶端常 2 浅
裂，主肋 3 条，在背面隆起。花序圆锥状，
多分枝；雌雄同株。果长圆状椭圆形，长
1.5～1.8 cm，熟时紫黑色；种子近倒卵形。
花期 5 月；果期 8 月。

　　原产于马达加斯加。我国华南及台湾常
栽于露地园林。喜高温环境。

　　株形优美，叶色青翠，适于庭园栽植供
观赏或大盆栽植用于室内装饰。

植 株

叶枝

丛植景观

树形

贝叶棕

Corypha umbraculifera L.

棕榈科贝叶棕属常绿大乔木，高达30 m，胸径约1 m；茎单生，直立，有宿存叶基或环状叶痕。叶掌状深裂，厚革质，簇生于茎端，略灰绿色，长1.5～2 m，宽2.5～3.5 m；每叶具裂片70～100，条状披针形，革质坚韧，先端2裂，与叶柄交界处具小戟突；叶柄长1.5～3 m，上面具凹槽，两边有扁短倒沟状骨质粗刺。80～100年生大树始花，佛焰花序圆锥状，顶生，长达6 m。花黄白色，小而极多。核果近球形，具短柄。花期4～5月；果熟期翌年5～6月。

原产于斯里兰卡及印度南部。我国海南、广东、广西、福建厦门、云南西双版纳等地有栽培；生于海拔600 m地带。

树高干直，挺拔壮观，可孤植于公园、广场等大型场所作为主景植物，也可列植作为行道树；种子坚如象牙，可制高级纽扣。

花序枝

群植景观

树 形

丛植景观

酒瓶椰子

Hyophorbe lagenicaulis

(L. H. Bailey) H. E. Moore

棕榈科酒瓶椰子属常绿小乔木，高约 4 m。茎干单生，幼时基部膨大呈酒瓶状，成年植株干基直径最大，向上渐细。叶羽状全裂，长约 1.9 m，裂片 40～70 对，条状披针形或条形，长 60～76 cm，宽达 5 cm，叶脉 3～5 条，全缘，先端渐尖，基部平，背面被鳞秕。花序三回分枝，排成圆锥花序状，生于叶腋。果椭圆形，长约 2.5 cm，直径 1.2～1.7 cm。

原产于毛里求斯和朗德岛一带。我国广东、广西、海南、厦门、台湾、云南西双版纳有栽培。喜阳光，喜肥沃、排水良好的土壤。

树形奇特，生长慢，结果累累，是观赏价值极高的中型棕榈植物，可孤植作为公园的主景植物，也可列植、丛植、坛植、群植或盆栽供观赏。

海岸风景树

行道树景观

行道树景观

椰子 *Cocos nucifera* L.

棕榈科椰子属常绿乔木，高 15～35 m。单茎，粗壮，茎具环状叶痕。叶羽状全裂，长 3～4 m，裂片条状披针形，成 2 列，革质，长 50～100 cm 或更长，宽 3～4 cm，基部明显地向外折叠；叶轴下面有龙骨状突起；叶柄长 1 m 以上。佛焰花序圆锥状，腋生，长 1.5～2 m；花单性，雌雄同株、同序。坚果倒卵形或近球形，长 15～30 cm，果每 10～20 个聚为 1 束，顶端具三棱，熟时暗褐棕色。花期几全年，花后 1 年果熟。

产于广东南部、海南、广西南部、台湾及云南南部。喜在海滨和河岸深厚冲积土上生长。

椰树苍翠挺拔，根系强大抗风，为华南沿海等地重要防护林树种，又是海滨主要的园林绿化树种；椰子全身都是宝，有"宝树"之称。

幼果枝

行道树景观

花序枝

果序枝

树 形

护岸林

叶 枝

油棕 *Elaeis guineensis* Jacq.

　　棕榈科油棕属常绿乔木，高达20 m，胸径约62 cm，常有明显的叶柄残基。叶簇生于茎顶，长3～7.5 m，羽状全裂，羽片在叶轴排成多个平面，裂片150～260，线状披针形，长25～110 cm，宽2～4 cm，两面近光滑，被灰白色鳞秕，基部羽片退化成针刺；叶柄长约1 m，下面淡褐绿色，密被灰白色鳞秕。花单性，全年开花，雌雄同株异序。坚果卵圆形或倒卵圆形，长4～5 cm，直径约3 cm，熟时橙红色；种子近球形。花期6月；果期9月。

　　原产于非洲热带地区。我国广东、广西、云南、福建、台湾、海南有栽培。

　　适于庭园栽培供观赏或作为行道树；为著名油料树种，有"世界油王"之称，果肉及种子含油率为50%～60%，棕油精炼后为优良食用油，亦为人造黄油的重要原料。

树 形

行道树景观

孤植景观

树皮

果序枝

绿化隔离带景观

列植景观

果序枝

群植景观

蒲葵

Livistona chinensis (Jacq.) R. Br.

　　棕榈科蒲葵属乔木，高10～20 m，胸径15～30 cm。茎干直立，有节环，上部常具残存叶鞘。叶宽肾状扇形，两面绿色，长1.2～1.5 m，宽1.5～1.8 m，掌状浅裂至深裂，裂片多下垂，条状披针形，先端2裂；叶柄长1～1.9 m，两侧具长约1 cm骨质倒钩刺，叶鞘褐色，纤维质。佛焰花序腋生，排成圆锥花序状，长约1 m。核果椭圆形、宽椭圆形或梨形，长1.6～2.5 cm，直径达1.3 cm，熟时亮紫黑色或蓝绿色；种子长圆形，长1.5 cm。花期3～4月；果期9～10月。

　　产于广东、广西、福建、台湾、海南等地。喜高温、多湿环境，适应性较强。

　　树形优美，列植、丛植、对植、孤植均佳；嫩叶可制葵扇，老叶可制蓑衣、席子等；叶脉可制牙签；果、叶、根可供药用。

树 形

行道树

叶 枝

高山蒲葵

Livistona saribus (Lour.) Merr. ex A. Chev.

棕榈科蒲葵属大乔木，高达20 m，胸径15～35 cm。树干圆柱状，近光滑，淡紫灰色。叶掌状浅裂至中裂，叶基裂片多重叠；叶柄粗长，叶鞘长而粗厚，钝三棱形，两侧具棕片、棕丝。花序多分枝，佛焰苞1，褐色，扁筒状；苞片多数，淡褐色，管状，革质；花无梗，每3～5朵或更多沿花序轴簇生。果序长达2 m；核果椭圆形，直径2～2.5 cm，熟时灰黑蓝绿色，具短柄。

产于海南、广西龙州及云南西双版纳；生于高海拔林中。

可作为行道树；叶片可作为茅棚、草屋的建筑材料。

树 形

列植景观

丛植景观

花序枝

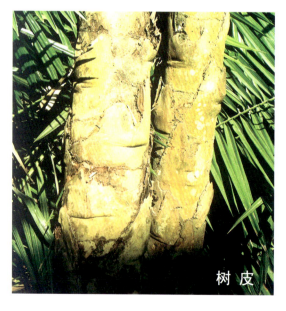

树皮

刺葵 *Phoenix hanceana* Naud.

　　棕榈科刺葵属常绿丛生灌木，高 1～5 m，胸径达 30 cm。叶长达 2.4 m，羽状全裂，裂片条形，常成 4 列，长 15～42 cm，宽 0.9～2 cm，略灰绿色，表面被白色蜡粉，全缘，先端针状长渐尖，下部裂片具针刺，淡黄绿色。花单性，雌雄异株；佛焰花序呈穗状分枝，长 5～27 cm。浆果长圆形，长 1～1.5 cm，熟时黑紫色；种子 1，卵状长圆形。花期 4～5 月；果期 6～10 月。

　　产于台湾、广东、广西、海南、云南；生于海拔 800～1500 m 的阔叶林或针阔叶混交林中。喜光，极耐干旱。

　　树姿优美，宜用于园林绿化；果可食；嫩芽可作为蔬菜；叶可制扫帚。

树 形

花坛景观

孤植景观

果序枝

行道树景观

果序枝

树形

江边刺葵

Phoenix roebelenii O'Brien

棕榈科刺葵属常绿灌木，高达4 m。茎直立或稍弯曲，叶柄残基宿存于树干上，呈三角形突起。叶一回羽状全裂，叶长达2 m，亮绿色，略被白粉，稍下垂，裂片窄条形，长20～40 cm，宽0.5～1.5 cm，2列，近对生或簇生，背面沿脉被灰白色鳞秕，叶轴、叶柄被白色鳞秕，下部裂片成细长软刺。花单性，雌雄异株；佛焰花序生于叶丛中。浆果长圆形，长1.2～1.8 cm，直径4～8 mm，具尖头，熟时枣红色。花期4～5月；果期6～9月。

产于云南西双版纳勐醒河一带；生于海拔480～900 m的河滩石隙中。耐浓荫，较耐旱，耐涝。

为良好的室内外观赏棕榈植物，特别适合与水体、山石配置在一起。

列植景观

树 皮

列植景观

花序枝

丛植景观

树 形

加那利海枣

Phoenix canariensis Hort. ex Chabaud

棕榈科刺葵属常绿乔木，高达 20 m。茎干多单生，老树茎粗约 1 m，具紧密排列扁菱形叶痕而较为平整。叶一回羽状全裂，长 4～7 m，裂片多达 242，条状披针形，2 列排成平面，基部裂片成尖锐长刺，刺 4 列；叶柄长达 1.2 m，基部扁平。花序生于叶丛中；雌雄异株。果序长 80～100 cm。浆果宽椭圆形或球状卵形，长 1.8～2.5 cm，熟时橙黄色；种子 1，宽椭圆形。花期 3～4 月；果期 9～10 月。

原产于非洲西北部加那利群岛。我国广东广州、中山，云南昆明，福建厦门，台湾，海南等地有栽培；北方可盆栽。

树冠球形、绿色，金黄色的果穗及菱形叶痕所装扮的粗壮茎干成为最具观赏价值的羽状叶棕榈植物；可孤植于公园等作为主景植物，也特别适合列植作为行道树。

孤植景观

树 皮

果序枝

果序枝

叶 枝

树 形

酒椰 *Raphia vinifera* Beauv.

　　棕榈科酒椰属乔木，高达 10 m。叶羽状全裂，长 12～13 m，裂片条形，长 1.2～2 m，中脉及边缘具刺，表面绿色，背面灰白色；叶柄基部两边呈撕裂纤维状。多个花序生于顶端叶腋，粗壮而下垂，长 1～4 m，花序轴为多数大型佛焰苞所包，每个佛焰苞内有 1 穗状花序，雄花生于上部，雌花生于基部；雄花稍弯，雄蕊 6～9，花丝粗；雌花长约 2 cm，花萼 3 浅齿裂，花冠略长于花萼，分成 3 瓣裂尖片。果椭圆形或倒卵圆形，被覆瓦状鳞片 9 纵列，每一鳞片中央都有宽槽，熟时淡褐色，果顶端具短尖喙；种子卵状长椭圆形。花期 3～5 月；果期第 3 年 3～10 月。

　　原产于非洲热带地区。我国云南、广西、福建厦门、台湾有栽培。

　　树形优美，果形独特，为良好的绿化、观赏树种。

棕竹 *Rhapis excelsa* (Thunb.) Henry ex Rehd.

棕榈科棕竹属丛生灌木，高2～3m，直径2～3cm。茎上部覆以淡黑色网状粗纤维质叶鞘。叶近圆形，直径30～55cm，掌状深裂；裂片3～14，条状披针形，长30～50cm，宽2～5cm，先端宽，常下垂，有不规则缺齿，每裂片有4条纵向平行脉，叶面有皱褶，深绿色，有光泽，横脉多，呈龟甲状隆起，叶背面中肋及叶柄边缘稍粗糙。佛焰花序多分枝，长达30cm。花单性，雌雄异株。浆果近球形，长0.7～1cm，熟时黄褐色；种子球形，直径6～7mm。花期6～7月。

产于我国华南至西南地区；生于山区疏林下。稍耐寒，耐阴。

为观赏树种，可植于庭园及房角，亦可盆栽供室内观赏；茎干可做手杖及伞柄；根、叶可供药用。

果序枝

花序枝

盆栽

丛植景观

棕林

果序枝

皇后葵（金山葵）

Syagrus romanzoffiana (Cham.)
Glassm.

棕榈科皇后葵属（金山葵属）常绿乔木，高
10～20 m，茎有环状叶痕。叶羽状全裂，长2～5 m，
裂片多数，长条状披针形，长1～1.5 m，宽3～5 cm，
先端2浅裂，背面被鳞秕，常单片或2～5片成组聚
生，从叶中轴两侧呈多列、披散状伸出，中部以上下垂。
花序生于叶腋，长达1.5 m。果近球形或倒卵形，长约
3 cm，直径约2.7 cm，光滑，熟时橙黄色。花期2月；
果期11月。

原产于巴西中部和南部。我国华南、东南及西南地
区有栽培。喜光，较耐寒。

适于庭园栽培供观赏或作为行道树；果熟时味甜，
可食。

树形

丛植景观

行道树景观

花果枝

行道树景观

花序枝

片植景观

树 形

行道树景观

果序枝

王棕

Roystonea regia (Kunth) O. F. Cook

　　棕榈科王棕属常绿乔木，高 10～20 m。茎直立，干淡褐灰色，具整齐的环状叶鞘痕，幼时基部膨大，老时近中部常膨大。叶羽状全裂，聚生于枝顶，弓形下垂，长 4～5 m；叶轴每侧裂片达 25 片，通常排成 4 列，条状披针形，长 0.6～1 m，宽 2.5～5 cm，软革质，先端渐尖或 2 裂，基部外向折叠；叶柄长约 35 cm，叶鞘长约 1.5 m。佛焰花序生于叶鞘束下，多分枝，排成圆锥花序状，长50～60 cm 或更长；雌雄同株。果近球形，长 0.8～1.3 cm，熟时红褐色或淡紫色；种子 1，卵形，一侧扁。花期 3～4 月；果期10 月。

　　原产于古巴。我国华南及台湾、福建、云南均有栽培。

　　树形壮丽优美，为著名热带、亚热带观赏树种，用作行道树和园林绿化树。

棕榈

Trachycarpus fortunei (Hook. f.) H. Wendl.

　　棕榈科棕榈属常绿乔木，树干圆柱形，高达 15 m，茎粗约 24 cm。茎干被叶基纤维所包裹，具环状叶痕。叶掌状深裂，簇生干端，裂片 30 ~ 60；叶长 60 ~ 70 cm，宽 37 ~ 70 cm，深裂达叶中下部，裂片软革质；叶柄长 0.4 ~ 1 m。花黄色。核果肾状球形，直径约 1 cm，蓝褐色，被白粉。花期 3 ~ 5 月；果期 11 ~ 12 月。

　　产于长江流域以南，东自福建，西至四川、云南，南达广西、广东北部，北至陕西、甘肃南部。喜温暖气候，为最耐寒棕榈植物之一。要求排水良好、肥沃石灰质、中性或微酸性土壤。

　　为绿化的优良树种，也可盆栽供观赏；棕皮、棕丝韧性与耐腐力特强，为工业、农业、民用和国防工业重要原料；嫩花序可食；花、果、种子可入药。

丛植景观

果序枝

叶枝

花序枝

树 皮

片植景观

群植景观

树 形

叶 枝

丝葵

Washingtonia filifera (Linden ex André) H. Wendl.

棕榈科丝葵属常绿大乔木，高 18～21 m。干粗壮，有节环。叶 40～50，近圆形，软革质，长约 1.2 m，宽约 1.6 m，掌状中裂，每叶具裂片 50～70，先端 2 浅裂，裂片边缘具丝状纤维；叶柄长约 2 m，上面近平，淡绿色，柄端具三角状小戟突。佛焰花序与叶片近等长。核果卵圆形，黑色。花期 7 月。

原产于美国加利福尼亚州和亚利桑那州。我国广东广州、湛江、中山，海南兴隆热带花园，福建厦门、福州等地有栽培。

树干高大壮观，上部枯叶悬垂，别有风趣，为热带、亚热带地区优美园林树种。

孤植景观

树 形

列植景观

植 株

猩红椰子
Cyrtostachys lakka Becc.

棕榈科猩红椰子属常绿丛生灌木，高2～5m，直径约6cm。干细长，具显著叶环痕。羽状复叶呈"弓"形，羽片于叶轴上略直立，羽叶25～30对，线形，长20～40cm，先端2裂，叶表面浓绿色，背面灰绿色；叶柄及叶鞘艳红色。花单性，雌雄同株，肉穗花序圆锥状，下垂。果黑色，卵球状圆锥形，长约1.9cm。

原产于东南亚马来半岛、新几内亚岛。我国华南地区有栽培。喜高温、多湿的环境，不耐寒，要求肥沃的沙质土壤。

叶柄及叶鞘鲜红色，株形秀美，为亚洲最奇异的观赏棕榈之一，特别适合庭园观赏，可孤植于公园做主景植物，也可列植。

叶 枝

丛植景观

三角椰子 *Neodypsis decaryi* Jumelle

棕榈科三角椰子属常绿乔木，高达10 m，茎粗约50 cm，具残存叶鞘。叶一回羽状分裂，直伸，先端拱形，排成3列，裂片每边80对以上，条形，长达1 m，排列整齐；叶鞘相互覆盖，呈三棱柱状，被锈色绒毛。穗状花序，三回分枝，雌雄同序，长约1.5 m。果倒卵球形，橄榄绿色，被白粉，长约2.2 cm，直径约1.4 cm。

原产于马达加斯加。我国广东广州、深圳，福建厦门，海南兴隆热带花园，云南西双版纳有栽培。喜湿润气候，耐干旱，稍耐寒。

茎上叶鞘三角形，形态奇特，适于无霜冻地区庭园栽培供观赏。

丛植景观

树形

花序枝

丛植景观

树皮

红颈椰子

Neodypsis lastelliana Baill.

　　棕榈科三角椰子属常绿乔木，高 8 ～ 10 m；茎单生，具残存叶鞘。叶长 3 ～ 5 m，斜上生长，上端稍下弯，灰绿色，羽状全裂，羽片 50 ～ 80 对，坚韧，在叶中轴上规整排成一个平面，下部羽片下垂；叶柄短或无；叶鞘红色或红褐色，形成显著冠茎。花序穗状，具分枝，雌雄同序。果球形，绿色。

　　原产于马达加斯加、科摩罗。我国海南，广东广州、深圳，福建厦门，云南等地有栽培。喜温暖、湿润气候，耐旱。

　　株形优美，羽片排列整齐，叶鞘红色，是优良的观赏树种。

花序枝

树皮

树形

花序

竹马椰子

Verschaffeltia splendida H. Wendl.

棕榈科扶摇榈属常绿乔木，高 15～25 m；茎单生，幼时具大量的黑刺，成株时较为稀疏，茎基部具显著的呈锥状的支持根。叶长 1.5～2.5 m，具不规则的羽状深裂、2 裂或不分裂，叶缘略有撕裂而呈啮蚀状，叶中轴上面有深沟，基部有苍白或绿色颗粒；叶柄长 15～30 cm，幼时有刺。肉穗状圆锥花序生于叶腋，有分枝，雌雄同序。果较小，近球形，灰绿色。

原产于塞舌尔群岛。我国海南，广东广州，福建厦门，云南西双版纳等地有栽培。多生于低海拔山坡上，也见于山谷中。幼时喜阴湿，应植于避风处，需充足水分。

树形优美，支持根在棕榈植物中较为少见，观赏价值很高，适于庭园栽培，也可温室栽培供观赏。

树皮

果序枝

花序枝

叶枝

狐尾椰子

Wodyetia bifurcata A. K. Irvine

棕榈科狐尾椰属常绿乔木,高10～20 m。茎单生,中部膨大,叶环痕显著。叶羽状全裂,羽片多数,长线形,羽片再分裂,辐射状排列而使叶身呈狐尾状,叶鞘形成绿色冠茎。花序生于冠茎下,雌雄同株。果卵形,长约6 cm,熟时橙红色。

原产于澳大利亚昆士兰州及澳大利亚东南、西南及南部地区。我国华南、东南、云南西双版纳等地有栽培。

优美的树冠、狐尾状的叶、膨大的茎干非常适于庭园栽培;幼株的羽片似鱼尾,盆栽也很有特色。

群植景观

树形

果序枝

植株

龙舌兰科
AGAVACEAE
长花龙血树

Dracaena angustifolia Roxb.

　　龙舌兰科龙血树属常绿小灌木，株高1～4 m。茎单一或分枝，皮灰色，留有环状叶痕。叶多集生茎顶端，革质，宽条形至倒披针状矩圆形，长10～35 cm，宽1～5.5 cm，基部扩大抱茎似鞘状，近基部较狭，中脉在下部明显。圆锥花序顶生，大型，长达60 cm，花白色，芳香，1～3朵簇生。浆果球形或2裂，直径8～12 mm，橘黄色。花期3～5月；果期6～8月。

　　产于海南，云南河口，台湾高雄、台南；生于海拔较低的林中或灌丛下干燥沙土中。

　　株形挺拔，叶色翠绿清幽，十分醒目诱人，适于盆栽，供宾馆、商厦、会场、客厅摆放，小型盆栽适合居室、书房点缀；根、叶可药用。

果枝

果序枝

香龙血树（巴西铁树）

Dracaena fragrans (L.) Ker-Gaul.

　　龙舌兰科龙血树属常绿乔木，高6m以上。干直立，有时分枝，树皮环状叶痕明显。叶簇生于茎顶，无叶柄，叶鞘抱茎，长椭圆状披针形，长30～90cm，宽3～10cm，基部急狭或渐狭，先端渐尖；叶绿色或具有各种颜色的条纹。花簇生呈圆锥状，花有3片白色的苞片，花被黄色，长约1.3cm，芳香。浆果球形，具1～3枚种子；种子球形。花期3～5月；果期7～8月。

　　原产于几内亚、塞拉利昂、埃塞俄比亚。我国各地多盆栽。喜温暖的环境，喜疏松、排水良好、含腐殖质丰富的土壤。

　　株形优美，大型盆栽可用来布置会场、客厅，小型盆栽可用于点缀居室、会客厅、窗台、阳台；根、叶可药用。

花序枝

盆栽

树形

参考文献

[1] 中国科学院植物研究所. 中国高等植物图鉴：第二册 [M]. 北京：科学出版社，1972.

[2] 中国科学院植物研究所. 中国高等植物图鉴：第三册 [M]. 北京：科学出版社，1974.

[3] 中国科学院植物研究所. 中国高等植物图鉴：第四册 [M]. 北京：科学出版社，1975.

[4] 中国科学院植物研究所. 中国高等植物图鉴：第五册 [M]. 北京：科学出版社，1976.

[5] 中国科学院中国植物志编辑委员会. 中国植物志：第四十四卷第三分册 [M]. 北京：科学出版社，1997.

[6] 中国科学院中国植物志编辑委员会. 中国植物志：第四十五卷第一分册 [M]. 北京：科学出版社，1980.

[7] 中国科学院中国植物志编辑委员会. 中国植物志：第四十六卷 [M]. 北京：科学出版社，1981.

[8] 中国科学院中国植物志编辑委员会. 中国植物志：第四十八卷第一分册 [M]. 北京：科学出版社，1982.

[9] 中国科学院中国植物志编辑委员会. 中国植物志：第四十九卷第二分册 [M]. 北京：科学出版社，1984.

[10] 中国科学院中国植物志编辑委员会. 中国植物志：第五十卷第二分册 [M]. 北京：科学出版社，1990.

[11] 中国科学院中国植物志编辑委员会. 中国植物志：第五十二卷第二分册 [M]. 北京：科学出版社，1983.

[12] 中国科学院中国植物志编辑委员会. 中国植物志：第五十三卷第二分册 [M]. 北京：科学出版社，2000.

[13] 中国科学院中国植物志编辑委员会. 中国植物志：第五十四卷 [M]. 北京：科学出版社，1978.

[14] 中国科学院中国植物志编辑委员会. 中国植物志：第五十八卷 [M]. 北京：科学出版社，1979.

[15] 中国科学院中国植物志编辑委员会. 中国植物志：第六十一卷 [M]. 北京：科学出版社，1992.

[16] 郑万钧. 中国树木志：第二卷 [M]. 北京：中国林业出版社，1985.

[17] 郑万钧. 中国树木志：第三卷 [M]. 北京：中国林业出版社，1997.

[18] 郑万钧. 中国树木志：第四卷 [M]. 北京：中国林业出版社，2004.

[19] 华北树木志编写组. 华北树木志 [M]. 北京：中国林业出版社，1984.

[20] 陈植. 观赏树木学 [M]. 北京：中国林业出版社，1984.

[21] 孙立元，任宪威. 河北树木志 [M]. 北京：中国林业出版社，1997.

[22] 河北植物志编辑委员会. 河北植物志：第三卷 [M]. 石家庄：河北科学技术出版社，1991.

[23] 贺士元，邢其华，尹祖堂. 北京植物志：下册 [M]. 北京：北京出版社，1992.

中文名称索引

拉丁文名称索引